BEST OF

NETWORK-

MARKETING

„Leader of Success"
im modernsten Business
unserer Zeit

Bibliografische Information der Deutschen Nationalbibliothek:
Die Deutsche Nationalbibliothek verzeichnet diese Publikation in der
Deutschen Nationalbiografie; detaillierte bibliografische Daten sind
im Internet abrufbar über
http://dnb.d-nb.de

ISBN: 978-3-96566-017-5

Impressum
Verlag:
REKRU-TIER GmbH, 82166 Gräfelfing

© 2021 REKRU-TIER GmbH – All Rights Reserved

INHALT

GABI STEINER / Lifeplus
Im Network-Marketing funktioniert nur,
was Sinn macht und Nutzen hat 10

ACHIM HICKMANN / 24nexx
Keine Sicherheit als Angestellter ist es wert,
seine Träume aufzugeben 24

**SABINE & WOLFGANG
LINDEMANN** / PM-INTERNATIONAL
Eine Reise vom strikten Nein zum
euphorischen Ja – weil die Freiheit lockte 38

PHIL RITTER / FOREVER
Erfolgreich durch das ehrlichste
und seriöseste Geschäft der Welt 52

BIRGIT JOHNSON / MARY KAY COSMETICS
Starte mit Menschen, mit denen du schon
Geschäfte machst 64

MO ENGELBRECHT & SASCHA SORIAT / RINGANA
Zwei in sich ruhende „Naturtalente" –
aber mit dynamischer Gelassenheit 76

MARCO WIRTH / JEUNESSE unityglobal
Einfach mal die Kraft einer
guten Story wirken lassen 90

FRANZ JOSEF CZINK / ERGO Pro
Dieses Vertriebssystem bleibt ewig jung,
weil es sich permanent erneuert 103

ERIKA SIEVERS &
WILFRIED DURCHHOLZ / REICO
Wenn ein Ingenieur plant,
erfolgreich auf den Hund zu kommen 117

TANJA DOBOCZKY / RINGANA
Erfolg im Network-Marketing ist stets
eine Frage der Zeit – nicht von Talent 130

JOACHIM HEBERLEIN / PM-INTERNATIONAL
Jeder Mensch bekommt seine Gelegenheiten –
er muss sie nur annehmen 140

FABIAN VORAUS / Juice PLUS+
Erfolgreich sind diejenigen,
die gesund und glücklich sind 153

STEFFEN & FELIX PATZER/ LR Health & Beauty
Family-Business als Basis von
Vertrauen & gegenseitigem Respekt 164

DORO FUSENIG / JEUNESSE unityglobal
Positive Besessenheit ist der Faktor,
um immer noch besser zu werden 177

FABIAN ZIERHUT / ZINZINO
Misserfolg ist nur eine Station
auf dem Erfolgsweg 188

NAVANITA & KHADRO SGAMBATO / FOREVER
Am Ende geht es nur darum, glücklich zu sein 200

KARIN FENNEN / proWIN
Wenn Schöpferstolz zum Motor des Erfolgs wird 209

TOBIAS EGGERS / LAVYLITES
Zum Networker geboren, zum Sprayking geworden 218

PATRIK & KATRIN KOENIG / LR Health & Beauty
Echte Network-Profis nutzen
mehr Zeit für mehr Arbeit 230

DANIEN FEIER / JEUNESSE unityglobal
Künstliche Intelligenz als künftiger
Gamechanger im Business 240

EDITORIAL

Erfolg hat viele Väter, heißt es im Volksmund. Sicher, da ist etwas Wahres dran. Trifft aber auf die hier im Buch präsentierten „Best-of-Network-Marketing"-Köpfe eher nur bedingt zu. Natürlich, hinter ihnen allen stehen Teams, motivierte, tatkräftige, erfolgshungrige Downlines. Und sie alle tragen selbstverständlich erheblich zum Erfolg mit bei. Natürlich, denn darauf basiert ja zu einem erheblichen Teil der Charme, der Clou dieses einzigartigen Business-Modells. Network-Marketing ist ein Mannschaftsspiel, ein Miteinander statt – wie im bisherigen Arbeitsalltag und in bisher üblichen Geschäftsmodellen – ein Gegeneinander. Hier schafft man es, wenn man zusammenhält, zusammenarbeitet und zusammen Erfolge feiert. In diesem ebenso innovativen wie humanen Business kann jeder seine spitzen Ellenbogen einfahren, denn die bringen die engagierten Frauen und Männer im Network-Marketing kein Stück voran. Im Gegenteil. Also stimmt der eingangs erwähnte Slogan doch zu 100 Prozent?

Ein klares JEIN! Denn so wichtig das Team ist, so wertvoll sind auch die persönlichen Skills dieser erfolgreichen Networker, die für viele in dieser Branche zugleich faszinierende Vorbilder sind.

Weil sie aus dem Passiv ein Aktiv geformt haben. Der Weg vom anfänglichen Konjunktiv zum Indikativ. Von der Möglichkeit hin zur Wirklichkeit! Sie alle haben eindrucksvoll zelebriert, dass sie es nicht dabei belassen wollen, dass etwas möglich wäre. Sondern sie haben es sich selbst bewiesen und damit auch vielen anderen, dass ein ebenso einzigartiges wie einfaches System funktioniert und somit aus der möglichen Chance eine tatsächliche Begebenheit wird. Wenn ... ja, wenn diese Perspektive ernst genommen wird, als Ziel gesetzt, fest im Mindset verankert und konsequent verfolgt wird und der damit verbundene Weg mit Wille, Zielstrebigkeit, Fleiß, Geduld, Freude am Tun und vor allem unbeirrt gegangen wird. Dann nämlich ist alles möglich – vor allem großartiger Erfolg in einer völlig neuen, andersartigen und erhabenen Form im Network-Marketing. Und diese Dimension heißt Freiheit und Unabhängigkeit.

Eine Sehnsucht, die wohl so gut wie in jedem von uns steckt. Frei sein, das möchte doch wirklich jeder. Aber was genau verbirgt sich hinter diesem Verlangen? Ist es die Lust auf Anarchie? Rücksichtsloser Egoismus, der den Willen des einzelnen über andere stellt? Ganz sicher nicht. Es ist vielmehr eine menschliche Gier, ein natürlicher Hunger nach dem Ausbruch aus der Enge des Alltags. Aus dem „So ist es halt ...", oder noch beklemmender „Das war schon immer so, das gilt auch für dich" ..., „So läuft es eben im Leben ...", und als Frust-Krönung kommt dann noch dieser Satz hinzu: „Da müssen wir alle durch ...".

Ach wirklich? Müssen wir? Und auch noch alle? Wer sagt eigentlich, dass derjenige, der gegen den Strom schwimmt, die falsche Richtung eingeschlagen hat? Wieso hat die Masse Recht, und jemand, der auf den Mainstream pfeift, der sein Leben selber und auch anders denkt, liegt falsch damit? Die Top-Networker in diesem Buch beweisen genau das Gegenteil. Sie sind lebende Beweise dafür, dass niemand einen ausgetrampelten Pfad mit- oder weitergehen muss. Sie alle haben auf individuelle Art und Weise demonstriert, dass es auch anders geht. Entweder von vornherein, weil sie die üblichen Mechanismen und Arbeitssysteme gar nicht erst an sich haben herankommen lassen – aus welchen Gründen auch immer. Oder sie haben sich selbst rechtzeitig ausgebremst, haben den üblichen Weg als den für sie falschen erkannt und somit entsprechend gehandelt: Spurwechsel! Raus aus dem einengenden Tempolimit, rüberziehen und rauf auf die Überholspur. Vollgas im Leben geben – für sich, für den eigenen Erfolg und für das Glück anderer. Sie haben sich ab sofort nicht mehr von einem System der Abhängigkeit ausnutzen lassen, sondern haben im Gegenteil ein neues System für sich genutzt!

So wurden diese überaus erfolgreichen Frauen und Männer mit, durch und im Network-Marketing zu wahren Leuchttürmen für ein neues, anderes und auch besseres Leben. WIE jeder es von ihnen geschafft hat, WARUM diese Menschen erfolgreich sind, WAS für sie Erfolg bedeutet und WIESO sie zu den Besten der Besten ihrer Branche gehören – das alles und noch viel mehr ist in diesem Buch für Sie als Ergebnis aus intensiven persönlichen Interviews mit den Top-Networkern recherchiert und zusammengestellt worden. Es sind beeindruckende Erfolgsstorys von faszinierenden Persönlichkeiten, die alle bei Null angefangen haben, die nichts geschenkt bekamen, sich alles, absolut alles erarbeitet haben und die der Beweis dafür sind, dass Erfolg kein Glück braucht, sondern echte, eigene

Ziele, Wille, Fleiß und den Mut zur Einfachheit – nämlich einfach zu entscheiden, endlich einmal etwas anders als die vielen anderen zu machen, indem man eine gebotene Chance nutzt und den üblichen Pfad der vorgezeichneten Langeweile und limitierten Möglichkeiten verlässt. Und dieser Weg heißt Network-Marketing – das perfekte Business des 21. Jahrhunderts.

GABI STEINER

Lifeplus

IM NETWORK-MARKETING FUNKTIONIERT NUR, WAS SINN MACHT UND NUTZEN HAT

Eine wie keine – das ist Gabi Steiner. Fertig! Eine Aussage, die per se alles sagt. Denn wer dem Geheimnis ihres Erfolgs auf die Spur kommen möchte, der muss das erkennen, was sie ausmacht. Und das ist im besonderen Maße eine Eigenschaft, die sich „Überzeugung" nennt. Sie ist mehr als eine Botschafterin ihrer Branche und mehr als eine Apostelin ihrer Produktwelt, nebst Wirkungsweise. Sie ist vielmehr eine 100-prozentige Überzeugungstäterin. Eine Frau, die das ausstrahlt, das denkt, tut und sagt, was eben genau ihre Überzeugung ist. Bei ihr geht es nicht um Blickwinkel, Betrachtungsweise oder eine bestimmte Auffassung. Nein, sie lebt, lobt und liebt ihr Credo, das für sie eine positive Mission darstellt, und das heißt für sie: Du bist, was du isst! Allen voran in Bezug auf Nahrungsergänzungsmittel allerhöchster Güte, die für sie gleichbedeutend sind mit körperlicher und geistiger Gesundheit, Verantwortung dem eigenen Körper gegenüber, Leistungsfähigkeit und Wohlbefinden. Und weil das so ist, will sie anderen den Weg zu diesem gesunden Leben „empfehlen". Nicht als eine bloße Möglichkeit, sondern vielmehr als eine ehrliche Herzensangelegenheit. Wenn sie diese Empfehlung ausspricht, dann ist das ein mehr als nur wohlgemeinter Ratschlag. Es ist kein bloßer Vorschlag oder eine Anregung. Eine Empfehlung von Gabi Steiner hat Gewicht, hat Gehalt. Da schwingt quasi eine persönliche Garantie gleich als Sahne-

häubchen mit. Kein Wunder, dass Gabi Steiner so zur inoffiziellen „Königin des Empfehlungsmarketings" wurde und diese besondere Network-Marketing-Arbeitsweise regelrecht perfektionierte – eben aus purer Leidenschaft, mit großer Kompetenz und aus Überzeugung heraus.

Größe, Härte und viel Arbeit: drei prägende Schlagworte, die der Schwäbin schon seit Beginn ihrer beruflichen Laufbahn keineswegs fremd waren. Denn als Großhandelskauffrau eines Unternehmens in der harten Stahlindustrie war genau das gefordert – groß denken, harte Produkte und viel Arbeit. Insofern ist das für sie ein Stück weit „täglich Brot". Und da sich der Mensch bekanntermaßen nicht von Brot allein ernährt, macht Gabi Steiner die Notwendigkeit der „richtigen und gesunden Nahrungsaufnahme" zudem zu ihrer Passion. Was steckt drin in den Lebensmitteln, die wir alle mehr oder weniger täglich im Supermarkt, im Tante-Emma-Laden oder beim Discounter kaufen? Wie gesund oder ungesund ist das, was wir da zu uns nehmen? „Ich wusste schon immer, dass mit unserer Ernährung etwas nicht stimmt und dass das nicht alles so ganz optimal ist, was wir zu uns nehmen, was uns serviert wird und was man sich und seinem Körper da antut!", sagt sie im Brustton der Überzeugung. „Wer sich nur einmal auf der Verpackungsrückseite anschaut, was er dort für Zutaten findet – Dinge, die man nicht einmal kennt, oft Chemie pur und nicht natürliche Stoffe –, da müssen einem doch wirklich Zweifel kommen und die Alarmglocken schrillen!"

Doch Hobby und Interesse sind das eine. Eine berufliche Tätigkeit in diesem thematischen Metier ist dann noch ein Schritt weiter.

Was jetzt folgt, ist beinahe eine typische Network-Marketing-Story. Umso mehr aber lohnt es sich, diese zu erzählen, weil sie wieder deutlich macht, wie schnell sich Chancen im Leben bieten und wie wichtig es ist, diese dann auch zu ergreifen. Als nämlich der Besitzer ihres Sportstudios anruft und fragt, ob sie Interesse daran hätte, abzunehmen und Geld zu verdienen, kennt Gabi Steiner nur eine Antwort, und die war ebenso simpel wie vielleicht entwaffnend: „Ja, beides!", sagte sie schlicht aus dem Bauch heraus. Der beste Beweis, dass es sich immer wieder lohnt, andere zu fragen – ein Anruf genügt oftmals. „Wahrscheinlich war dies das kürzeste Sponsorgespräch, das er jemals hatte …!", lacht die heute so mega-erfolgreiche Networkerin und ergänzt: „Produkte, System – alles passte für mich. Was ich aber damals absolut nicht verstehen konnte, war die Tatsache, dass diese Firma damals schon gut fünf Jahre am deutschen Markt aktiv war, ich aber davon zuvor nie etwas gehört oder gelesen hatte. Wo ich doch der festen Überzeugung war, alles zu kennen, was in Bezug auf Abnehmen und Ernährung im Angebot war … von wegen!", erzählt sie von ihrem Brancheneinstieg, mit dem sie zeitgleich ihr ohnehin vorhandenes Hobby nun auch noch zum Beruf gemacht hat.

Mit viel Wissen und größtem Interesse ausgestattet, wird aus dem Start relativ schnell eine erfolgreiche Karriere. Bemerkenswert schon damals: Gabi Steiner verkauft nicht! Sie empfiehlt. Ein gewaltiger Unterschied, denn so treffen die Kunden ihre Entscheidung für sich selbst und dies ohne Überredung, sondern einzig aus eigener Überzeugung heraus. Apropos – überzeugt sind auch damals schon die Medien, nämlich davon, dass es im Network-Marketing doch irgendwie nicht mit rechten Dingen zugehen könne. Wie ist es bloß möglich, dass Menschen in dieser Branche insbesondere durch Fleiß erfolgreich werden und dazu auch noch Geld, sogar viel Geld verdienen? Viele Medien sind sich daher wie gesagt einig: Das kann halt nicht mit rechten Dingen zugehen. Getreu dem Motto: Es kann nicht sein, was nicht sein darf. Ein bis heute immer wieder von so manchem Redakteur gemachter unberechtigter Vorwurf. Daher passiert es, dass die Network-Branche aus Unwissenheit, mangelnder Recherche, aber auch aus Neid in ein falsches Licht gerückt wird. So tickte vielleicht auch das Redaktionsteam von „Schreinemakers live", damals eine der erfolgreichsten TV-Shows der 90er-Jahre. Moderatorin der Sendung war Margarethe Schreinemakers, zugleich die Namensgeberin des einst so beliebten Formats.

In ihrer wohl wichtigsten Sendung mit den höchsten Einschaltquoten, in der sie sich selbst und ihre damalige Steueraffäre wie in einer Seifenoper inszenierte, ist im August 1996 zuvor eine Frau zu Gast: Gabi Steiner, um über Nahrungsergänzung und Network-Marketing Auskunft zu geben. Doch es ist zu vermuten, dass Margarethe Schreinemakers ganz andere Absichten hat. Wahrscheinlich wie in den meisten Fällen Vorurteile schüren. „Das merkte ich ganz schnell ...!", lächelt die Networkerin aus dem „Schwabenländle". Aber so leicht ließ sich die versierte Empfehlungs-Networkerin, die sich akribisch auf die Sendung vorbereitet hatte, nicht aufs Glatteis führen. Im Gegenteil. Denn die clevere Business-Lady drehte den Spieß rum, nutzte klug ihre Chancen, konterte die erfahrene Moderatorin und setzte sie quasi schachmatt mit deren eigenen Mitteln. Ein gelungener Auftritt, der dem Ruf der Network-Branche ebenso positiv nutzte wie den Produkten aus dem Bereich Nahrungsergänzung.

Nun gehört eine Gabi Steiner nicht zu denjenigen, die immer im Rampenlicht, im Vordergrund stehen und die erste Geige spielen müssen. Dezent und effektiv – zwei Worte, die ihr Tun und ihre Schaffenskraft im Network wohl viel besser und treffender beschreiben. Vielleicht auch ein Grund mehr, warum sie aus ihrem so überaus gelungenen TV-Auftritt nicht so sehr Kapital für sich und ihre Network-Karriere schlug, wie es manch andere getan hätten. Sie hatte vor allem eine Mission erfüllt: einen guten Dienst an ihrer Branche zu vollbringen. Und genau das hatte sie auch erreicht.

Ihr damaliges Partnerunternehmen verlies sie zudem nur kurze Zeit später, weil sie nämlich zunehmend spürte, dass Philosophie und Karriereplan nicht so zu ihrem Naturell und ihrer Persönlichkeitsstruktur passten, wie sie es sich anfangs noch gewünscht und angenommen hatte. Aber der Branche und dem Themenfeld Nahrungsergänzung blieb sie als Überzeugungstäterin treu – künftig nur bei und mit Lifeplus. „Ich bin mehr der Typ, der von Mensch zu Mensch arbeitet. Genau das konnte ich bei Lifeplus, weil es darum ging, mit Freunden zu sprechen. Das war genau nach meinem Geschmack. Mein Sponsor sagte mir damals, dass ich nur mit fünf Freunden sprechen brauche und denen dann wiederum helfe, mit fünf von ihren Freunden zu sprechen. So käme eine gewaltige Multiplikation zustande. Ich wusste in dem Moment zwar nicht, wer die fünf besagten Freunde sein werden, aber ich wusste, dass ich diese fünf finden werde ...!", erklärt die wohl erfolgreichste Networkerin Europas. Dass sie diese fünf gefunden hat, das dokumentiert ihr heutiger Erfolg eindrucksvoll.

DAS EIGENE GLÜCK HÄNGT NUR VON EINEM SELBST, SEINEM TUN UND KÖNNEN AB

Ein Wechsel in der Branche? Für Gabi Steiner gab und gibt es nur ein Dogma: Network-Marketing ist und bleibt für sie alternativlos. „Diese Branche und ihr Wirkungsprinzip sind ein Segen für alle Menschen. Für mich war und ist es die einzige Möglichkeit, um erfolgreich zu werden. Als ich begann, hatte ich einen ganz einfachen Glaubenssatz, der in so mancher Hinsicht auch ein gewisses Dilemma deutlich machte. Der Satz hieß: ‚Um erfolgreich zu werden, brauchst du entweder reiche Eltern, oder du musst dich selbstständig machen.' Für die besagten ‚reichen Eltern' war es bei mir zu spät und selbstständig konnte ich mich als alleinerziehende Mutter nicht machen. Ich wollte ja auch für meinen Sohn da sein. Insofern war es doch klar, dass ich in meiner Situation nur diese eine große Chance hatte – und das war eben Empfehlungsmarketing. Hier passten meine persönlichen Umstände zum System. Aber das Wichtigste war: Der Erfolg hing ganz allein von mir ab und nicht von Politik in einem Unternehmen oder von Dritten, die mich zu beurteilen hatten. Nur ich und mein Tun waren allein für mich und mein Glück zuständig und verantwortlich. Diese Erkenntnis hat mich inspiriert, die hat mich richtig angetrieben und von diesem Zeitpunkt an wusste ich, dass ich Millionärin werden würde. Denn wenn ich mich auf jemanden verlassen kann, dann auf mich selbst!"

Mit dieser Einschätzung liegt sie bis zum heutigen Tag mehr als richtig. Gut, dass sie sich selber vertraut, denn sie weiß, was sie kann und zu leisten imstande ist. Kein Wunder also, dass sie auch niemals in Zweifel geriet. Weder an sich noch an den Rahmenbedingungen. „Ich habe es nicht geglaubt oder bloß gehofft, nein, ich habe es gewusst, dass ich es schaffen werde. Zu 100 Prozent. Warum ich mir da so sicher war? Das lag vor allem daran, dass der Erfolg in diesem Geschäft einzig und allein von mir abhängt ...!"

Vielmehr waren es die vielen anderen Networker, die mit ähnlichen, vergleichbaren oder auch mit schlechteren Voraussetzungen gestartet waren und zum damaligen Augenblick zu den Top-Leadern der Branche gehörten. Das waren alles Frauen und Männer, die in Gabi Steiner die Gewissheit reifen ließen: Was die können, kann ich erst recht! Eine Überzeugung, die stark motiviert. Die aber auch eine Verpflichtung ist – gegenüber sich selbst. „Scheitern war ausgeschlossen. Das war für mich keine Option. Vor allem, wenn ich mich selbst noch im Spiegel angucken wollte. Denn wenn man sich selber sagt, genauso gut oder gar besser als andere zu sein, dann muss man sich das selbst auch beweisen. Erst einmal sich selber, dann aber auch den anderen. Also muss man alles tun, um an die Spitze zu kommen.

Den Platz erreichen, wo man sich selbst sieht. Eine Position, an die man selber glaubt. Nur mit halber Kraft fahren oder auf der halben Strecke aufgeben, weil es hier und da mal schwierig wird? Nein, niemals, denn das wäre nichts anderes als Selbstbetrug!", betont die engagierte, erfolgreiche und so disziplinierte Supernetworkerin.

Für Gabi Steiner steht fest, welches Wort im Branchennamen Network-Marketing der bedeutsamere Part ist: Netzwerk! Denn wer ein Netzwerk hat, hat echtes Kapital für dieses Business. Und genau das brachte sie von Anfang an auch selber mit ein. „Ich habe immer meine Kontakte gepflegt, auch, weil mir ein großer Bekanntenkreis stets wichtig war. Generell ist die Beziehung von Menschen untereinander von größter Bedeutung – erst recht in unserem Geschäft. Wie wertvoll Kontakte, Freunde und Bekannte sind, haben wir doch alle auf der ganzen Welt jetzt gerade vor Augen geführt bekommen. Wie gut tut es, wenn man in der Pandemie einen Anruf von einem Freund oder Kollegen bekommt – dem Netzwerk sei Dank. Und wir Networker haben diesen Umstand doch letzten Endes zu unserem Geschäft gemacht. Ist das nicht großartig?, freut sich Gabi Steiner, und man spürt förmlich, wie sie von dieser Einsicht geradezu selbst motiviert wird.

WARUM DIE „UPRIS" SO BEDEUTENDE SCHÄTZE SIND

Motivieren tun die „Networkerin der Extraklasse" sonst nämlich vor allem die jeweiligen Erfolgsgeschichten der Frauen und Männer, die nur das pure „Network-Marketing-Life" zu schreiben in der

Lage ist. Das ist reinster Balsam für die Network-Seele und ebenso ein Stück Zement im Fundament der eigenen Organisation. Vor allem aber ist es die Gewissheit, dass das System für alle da ist und eine Hilfe darstellt. Eine Lebenshilfe für alle, die wirklich wollen. Dieser Gedanke zaubert ganz schnell ein Lächeln der Zufriedenheit auf das Gesicht von Gabi Steiner. Und dabei bedauert sie fast, dass ihre Orga so gewaltig groß gewachsen ist. So groß, dass es für sie mittlerweile unmöglich ist, jeden einzelnen zu kennen und sich um jeden einzelnen zu kümmern. Aber allein dieser Gedanke macht doch schon deutlich, wie ihr innerer Kompass ausgerichtet ist. Ein Denken für ihre „Upris", denen sie alles Glück der Welt wünscht. Ach, der Begriff ist noch unbekannt? Wir lösen auf: „Upris" – das sind die noch unbekannten „Untergrund-Prinzessinnen und -Prinzen" aus der gewaltig großen Organisation von Gabi Steiner. Partnerinnen und Partner, die aktiv sind, die in den Untiefen ihrer Organisation noch bisher unerkannt, aber erfolgreich arbeiten und die von ihr begleitet und ebenso gefördert werden, nachdem sie diese Networker entdeckt hat. Es sind ihre Perlen, die so immer weiter von ihr zum Glänzen und zum Strahlen gebracht werden. Gehören sie doch ebenso zum erlauchten Kreis der „Kronprinzessinnen und Kronprinzen", die schon recht weit oben auf der Karriereleiter stehen und so wiederum Anwärterinnen und Anwärter auf Spitzenpositionen im Lifeplus-Unternehmen sind. „Weil unser Vergütungs- und Karriereplan sehr tief geht und somit enorme Möglichkeiten bietet, ist meine Organisation entsprechend breit und tief darin verwachsen. Da kann man einfach nicht mehr jeden persönlich kennen. Völlig unmöglich, so leid es mir tut. Aber ich weiß, dass, auf welcher Ebene auch immer, überall viele Perlen in meinem Team glänzen. Daher ist es auch so interessant, mit der Tiefe des Systems zu arbeiten. Denn ich achte darauf, dass jede Information bis in die letzte Spitze geht. Das ist bei der Größe meiner Organisation zwar nicht immer ganz einfach, sollte aber für jeden der Anspruch sein, weil es in letzter Konsequenz einen wesentlichen Teil des Erfolgs ausmacht. Kümmer dich und es wird sich gekümmert! Etwas, was ich quasi unermüdlich predige – und selber mache. Denn manchmal ist es wichtiger, eine vorhandene Perle in der Tiefe auszugraben und zu polieren, als immer wieder erneut abzutauchen, um wieder und wieder neue Muscheln zu suchen. Dieses Perlensuchen in der eigenen Organisation wird zudem doch auch noch fürstlich belohnt. Insofern: Wer klug ist, guckt in seine Downline und findet heraus, wo gerade der ‚Rauch aufsteigt'!", bekräftigt Gabi Steiner entschieden. Für den Erfolg ist es für sie weitaus sinnvoller, mit vorhandenen „Schätzen" zu arbeiten, als ständig nach neuen durch Partner-Sponsoring zu suchen.

Sie jedenfalls hat es über die letzten Dekaden so gehandhabt und tut es immer noch. Auch, weil sie weiß, dass es funktioniert und es eine sichere Methode ist, den Erfolg zu sichern. Ohnehin spielt diese Komponente in ihrer Definition von Erfolg eine erhebliche Rolle: Sicherheit! Weil sie sich auf das Wesentliche konzentrieren kann und befreit arbeitet, wenn alles andere drumherum gesichert ist. „Sicherheit ist mehr als ein bloßes Gefühl. Es ist ein Stück Freiheit. Denn ich muss bei der Arbeit eben nicht daran denken, Geld verdienen zu müssen. Mit Sicherheit im Rücken kann ich meine volle Konzentration auf das Wesentliche richten, kann mich auf meine anstehenden Aufgaben fokussieren. Insofern ist Sicherheit ein Stück weit eine wichtige Antriebskraft und Arbeitsenergie!", erläutert sie.

Ihren heutigen Status im Network-Marketing-System hat sie sich mit sehr viel Fleiß hart erarbeitet. Doch hinzu kommt eine gewaltige Portion Empathie. Getrost dem Motto: Der Ofen kann noch so gut sein, wenn die Zutaten nichts taugen, wird der Kuchen nicht aufgehen! Ihre wichtigste Zutat ist die ehrliche, offene und vor allem echte Sensibilität für andere. „Sich selber zurücknehmen und andere in den Mittelpunkt zu stellen. Schwer ist das nicht, und dennoch kann es nicht jeder. Das muss man lernen oder sich selbst beibringen, wenn man es nicht kann. Weil es Wunder wirkt und viel in anderen auslöst, nämlich nur das Beste. Denn wer den anderen ins Licht stellt, der erkennt in ihm einfach mehr. Dann sieht man, was der andere braucht, was er will und was man ihm geben sollte. Sehen und Zuhören, darum dreht sich fast alles. Das gibt dem anderen ein gutes Gefühl und lässt ihn wissen, ein wichtiger Teil vom Ganzen zu sein!", sagt Gabi Steiner und weiß, dass sie diese Tugenden von Anfang an mit ins Geschäft eingebracht hat. Es war ihr ganz persönliches Investment, das sich heute mehr denn je auszahlt. Denn der Return ist enorm in allen Belangen, auch monetär. „Von Mensch zu Mensch" heißt nicht

nur eines ihrer Bücher, sondern auch ein Motto in ihrem bemerkenswerten Network-Leben. Das geprägt ist von menschlichen Zügen, wo Privates und Geschäftliches immer wieder im Einklang und in einem nahezu perfekten Cocktail miteinander verschmelzen. Egal, wo und wie. So sehr, dass die Teile kaum zu unterscheiden sind. Selbst Meetings oder so manche Führungsrunde wurden durch einen eher privaten Rahmen geprägt. Auch, weil sich so offener sprechen lässt. „Mag sein, dass auch diese Tatsache ein Stück Erfolg ist, aber ich bin der festen Überzeugung, dass man mit jemandem, mit dem man privat enger verbunden ist, anders redet, sich tiefer austauscht und so jemand auch den Weg dann mit dir weitergeht, wenn es mal schwierig wird. So jemand ist mehr Kamerad als Geschäftspartner. Für mich ist das ein großer, entscheidender Unterschied, der unterm Strich viel ausmacht!", erklärt die Spitzennetworkerin, die daran glaubt, dass Empfehlungs-Marketing das Business der künftig neuen Welt sein wird. Nicht nur, weil die Produkte von einer unschlagbar guten Qualität sind. Vielmehr, weil dieses Geschäftsmodell ein übergreifendes Band der Generationen darstellt, wo der Mensch im Mittelpunkt steht, weil man stets miteinander statt gegen- oder gar untereinander arbeiten muss. „Alles, was keinen Sinn hat, funktioniert in unserem Geschäft nicht. Im Umkehrschluss: Network-Marketing bietet höchsten Nutzen!", fügt sie hinzu.

Diese Branche ist Augenhöhe, Gleichberechtigung und Offenheit in jeglicher Hinsicht. Man kann auch sagen: Was heute gesellschaftspolitisch immer lauter gefordert wird, ist in diesem System schon lange eine Selbstverständlichkeit. Network-Marketing offeriert für Frauen wie Gabi Steiner primär eine grenzenlose Perspektive – und für Männer ebenso. Deshalb kann sie als die „Königin des Empfehlungsmarketings" vor allem eins: dieses Business mit voller Überzeugung empfehlen, denn sie ist eine Überzeugungstäterin …

GABI STEINER – spontan gefragt, spontan gesagt:

● **Mir ist Erfolg wichtiger als …**
„… so manches, aber am wichtigsten ist mir mein Frieden mit mir selbst!"

● **Network-Marketing ist die Zukunft, weil …**
„… der Mensch hierbei zentral im Mittelpunkt steht!"

● **Mein wichtigster Rat an alle aktiven Networker lautet:**
„Fangt einfach an und hört niemals auf …!"

● **Mein wichtigster Rat an alle, die noch keine Networker sind, lautet:**
„Werft nach dem ersten auch einen zweiten Blick auf unsere Branche, weil es sich lohnt – genau diese Erkenntnis werdet ihr dann selber haben!"

ACHIM HICKMANN

24nexx

KEINE SICHERHEIT ALS ANGESTELLTER IST ES WERT, SEINE TRÄUME AUFZUGEBEN

Wer erfolgreich ist, bei dem wittern andere ad hoc ein Geheimrezept, einen magischen Weg, der denjenigen zum Erfolg gebracht hat. Das Rezept von Achim Hickmann ist denkbar einfach – und gar nicht mal geheim. Es lautet: Ich liebe das, was ich tue! Und wie eine kleine Würzmischung on top klingt es dann, wenn er sagt: „Mein Plan B ist wie mein Plan A – nur vielleicht mit etwas mehr gutem Wein ...!"
Wunderbar, denn genau so wie diese Weisheiten klingen, ist dieser Macher auch als Mensch und Geschäftsmann. Ihn zeichnen Pragmatismus und Realismus aus. Den Fokus auf die Sache, auf den zentralen Kern des Geschehens ausgerichtet. Keine Flausen, keine Luftschlösser und erst recht keine halben Sachen. Er macht, was in seinem Business gemacht werden muss und das mit einer ansteckenden, positiven Ausstrahlung, die nicht nur auf andere überschwappt, sondern wegweisend ist. Der große Unterschied zu anderen: Er macht nicht mit, sondern er macht! Andere sind erfolgreich aktiv im Network-Marketing-Business, er aber ist selbst das Business! Was einst im eher trockenen Alltag im Angestelltendasein einer gesetzlichen Krankenkasse begann, nahm seinen Lauf vor über 30 Jahren in der aufregenden Geschäftswelt des Network-Marketings. Als Selbstständiger, als Unternehmer, als kreativer Macher und als Erfolgsmensch ...

Manchmal fügen sich Teile im Leben zusammen, ohne aktives Einwirken von Protagonisten. Dann lässt sich als Resümee sagen: Es ist, wie es ist – nur die Chance muss erkannt werden, und man muss zupacken. Genau das tat Achim Hickmann – erkennen, reagieren, die Initiative ergreifen. Als Angestellter einer gesetzlichen Krankenkasse war er zusätzlich im Network-Marketing bei einem französischen Parfum-Unternehmen tätig und verdiente dort das Doppelte bis Dreifache seines Nettogehalts. Ein „duftes" Geschäft, aber auch nicht einfach. Zwischenzeitliche Angebote von Mitbewerbern lehnte er ab, bis ihm jedoch Zweifel an seinem Partnerunternehmen kamen. Zu Recht! „Im Vertrieb konnten die zwar ein bisschen was, aber von Betriebswirtschaft hatten die keine Ahnung. Dass mich mein Gefühl nicht getäuscht hatte, war kurze Zeit später offensichtlich, als die Company in die Insolvenz schlitterte ...", erläutert Achim Hickmann.

Einige Monate vorher bekam er das Angebot, ein eigenes MLM-Unternehmen zu gründen. „Und nein, es war keine primäre Absicht, die Firma LR zu gründen, sondern vielmehr eine Entscheidung, die ich aus der Situation heraus getroffen habe. Nur, dass ich wohl die Chance erkannt habe und dann die Gelegenheit am Schopfe packte. Insofern: Es hat sich ein Stück weit ergeben und war nicht der wirkliche Plan, der in meinem Fokus stand ...!", macht der vertriebsorientierte Networker deutlich, der mit seinem heutigen Network-Unternehmen Werbepartner der „Hammer SpVg" ist. Zudem trägt das Stadion seiner Heimatstadt Hamm den Namen „24nexx Arena", was sein hohes Maß an Engagement überaus deutlich macht.

Aus diesem besagten Angebot entstand letztendlich eines der bekanntesten und die Branche in Deutschland prägendsten Unternehmen: LR Health & Beauty. Eine Company, die bis heute am Markt erfolgreich aktiv ist. „Ich habe dieser Partnerschaft damals zugestimmt, weil ich in das französische Unternehmen, für das ich vertrieblich zu diesem Zeitpunkt noch tätig war, kein Vertrauen mehr hatte. Zudem reizte mich die Möglichkeit, alle meine vertrieblichen Ideen einzubringen und umzusetzen; angefangen beim Marketing- bzw. Vergütungskonzept bis hin zum kompletten Ausbildungsprogramm, von neuen Partnern zu Orgaleitern und weiter zu Führungspersönlichkeiten!", betont Achim Hickmann, der von sich behauptet, viele konträre Seiten zu haben. Wenn er z.B. verreist – ein Hobby, das den „Reise-Junkie" schon in über 60 Länder dieser Erde geführt hat – , dann heißt es immer: hop oder top! Oder in „Hickmännisch": Zelt oder Luxushotel! Langweiliges Mittelmaß ist nämlich nicht sein Ding.

Hop oder top – das galt auch beim Wechsel vom Angestelltendasein mitten rein ins Haifischbecken des Unternehmertums – kein bloßer Hüpfer, sondern ein gewaltiger Sprung ins „Abenteuerland", der wohl überlegt sein will. Für Achim Hickmann eher ein Rechenexempel als eine emotionale Entscheidung aus dem Bauch. Denn als er sich entschloss, diesen Weg zu gehen, hatte er in seiner Angestelltenposition den Status „unkündbar" schon sicher. Insofern: Aufgabe einer gesicherten Existenz im Tausch mit dem puren Risiko.

Und damit nicht genug: Auf die Unkündbarkeit folgte ein zusätzlicher Pensionsanspruch zur gesetzlichen Rente. Für manche ein lukratives Zusatz-Schmankerl. Aber nicht für Achim Hickmann: Der kluge Kaufmann ließ sich seinen Pensionsanspruch von der zuständigen Abteilung ausrechnen – eine eher kleine Prise mehr Geld für eine lange Dauer weiterer Zugehörigkeit als Angestellter zur Krankenkasse.

„Ich habe mir damals Gedanken gemacht, wie ich wirklich leben möchte und wie ich im Vergleich dazu aktuell lebte. Diese Wünsche und Träume setzte ich in Relation zu dem, was ich verdiente und künftig mit allen Boni und Zulagen maximal verdienen würde. Konservativ und realistisch gerechnet und betrachtet. Eines wurde mir dabei sehr schnell klar: Selbst wenn ich das höchstmögliche Gehalt verdoppeln könnte – was eh nicht machbar gewesen wäre –, würde es mich dennoch nicht annähernd in die Lage versetzen, mir meine Träume zu erfüllen und ein Leben führen zu können, wie ich es gerne wollte. Wer das erkennt, der weiß in diesem Moment auch, dass es Zeit zum Handeln ist. Mir wurde mein Dilemma klar: Entweder ich gebe meine Träume auf und dümpele weiter vor mich hin, oder ich ändere etwas. Und zwar in eine Richtung, die es mir ermöglicht, meine Wünsche wahr werden zu lassen. So zu denken und zu handeln, das hat ja jeder selbst in der Hand!", betont der erfolgreiche Network-Unternehmer und fügt hinzu: „Keine Sicherheit als Angestellter ist es wert, seine Träume aufzugeben!"

EIN UNTERNEHMER, FÜR DEN
DIE TÄGLICHE PRAXIS PFLICHT STATT KÜR IST

Achim Hickmann ist nahezu entwaffnend ehrlich, was auch seine erfrischende Bodenständigkeit ausdrückt, wenn er zugibt, mehr als eine Woche nicht wirklich ruhig geschlafen zu haben. Natürlich machte auch einer wie er sich Sorgen und stellte sich die Frage, ob es wirklich richtig war, eine sichere Existenz für dieses neue Wagnis aufzugeben. Das beste Mittel gegen diese Angst: Machen! Die Ziele im Auge, die notwendigen Arbeiten kompromisslos angehen, anpacken und das einbringen, was man am besten kann. Die Stärken einsetzen, die einen auszeichnen. Bei dem Unternehmer Hickmann ist sein größtes Pfund die Lust, Liebe und das Know-how in Sachen Vertrieb. Und genau das tat er auch als Gesellschafter des LR-Unternehmens. Auch ein Grund, warum er sich bis heute nicht als „Founder" sieht, sondern als Vertriebler mit Leib und Seele. Seine nachhaltigen Taten sind dabei Beweis genug: Über 1.000 Partnerinnen und Partner sponserte er in den Jahren 1985 bis 1988, davon rund 350 Direkte. Doch damit nicht genug: Aus dieser sensationellen Zahl erwuchsen über die Jahre hinweg Millionen neue Vertrieblerinnen und Vertriebler, von denen heute noch eine Vielzahl aktiv tätig ist – die meisten davon hauptberuflich! Viele von ihnen sind „Bonusmillionäre" geworden. Also Vertriebler, die über die Zeit ihrer Network-Karriere hinweg kumuliert eine Million Euro und mehr ver-

dient haben. Dank ihm – wenngleich die Leistung von den einzelnen Beratern vollbracht wurde, aber Achim Hickmann trug seinen Teil mit dazu bei. Durch Engagement, Ausbildung, Gespräche, Führung und effektive Trainings. Nicht umsonst wird er in den Network-Medien inoffiziell gern der „Macher der Bonusmillionäre" genannt.

Alles, was eine erfolgreiche Führungskraft heute im Network-Marketing auszeichnet, stand auch damals auf seiner To-do-Liste: Suche und Sponsoring neuer Partner, deren Betreuung, Meetings, Schulungen, Ausbildung, die Erarbeitung von Coaching-Programmen … Umso wertvoller seine Definition, was heutzutage einen erfolgreichen Vertriebler im Network-Marketing-Business ausmacht: „Es geht einzig und allein um das Warum. Im Leben muss man wissen, warum man etwas macht – und wofür. Wofür stehe ich morgens auf und starte in den Tag? Die Beantwortung dieser Fragen muss klar definiert sein. Ich kenne niemanden, der Erfolg hat, und nicht weiß, wie er dahin gekommen ist und warum er Erfolg hat. Denn für diese Menschen steht die Zielsetzung fest und ebenso ihr Warum – also warum sie das tun, was sie tun bzw. tun müssen, ist absolut eindeutig. Ob materiell, gesellschaftlich oder humanitär – ganz egal, wie das Ziel ausgerichtet ist!"

In diesem Zusammenhang weist Achim Hickmann auf eine sehr interessante Studie der US-Universität Harvard hin, die deutlich macht, wie essenziell wichtig es ist, seine Ziele schriftlich zu fixieren. Dabei hatten sich 83 Prozent der Studienabgänger keine Ziele für ihre Karriere gesetzt. Das dann folgende Durchschnittseinkommen dieser Absolventen war zugleich die Grundlage für weitere Vergleiche.

Denn: 14 Prozent der fertigen Studentinnen und Studenten hatten zwar klare Ziele, diese aber nicht aufgeschrieben. Ihr Einkommen war aber dreimal so hoch wie das der „Ziellosen". Beachtlich, aber damit nicht genug. Denn drei Prozent der examinierten Studienabgänger hatten nicht nur klare Karriereziele für sich formuliert, sondern diese auch schriftlich dokumentiert. Achtung: Sie verdienten durchschnittlich satte zehn Mal so viel wie diejenigen ohne Ziele. Die alte Weisheit: „Wer schreibt, der bleibt" wird hiermit erneut bestätigt und macht die These von Achim Hickmann noch bedeutsamer: Wer erfolgreich im Network-Marketing werden will, muss seine Ziele klar definieren und sie zu Papier bringen! Im Übrigen eine Vorgehensweise, die der erfolgreiche Network-Unternehmer bis heute selber praktiziert und umsetzt. „Der Rest ist dann nur noch Fleiß und der Glaube an sich selbst!", ergänzt er augenzwinkernd. Das alles wirkt auf der Grundlage des Miteinanders – selbst über Strukturen, Organisationen und diverse Companies hinweg. Eine Tatsache, die das Geschäft für Achim Hickmann auch so einzigartig macht. „Je mehr Geschäftspartnern du zum Erfolg verhilfst, desto weniger Gedanken musst du dir um deinen eigenen Erfolg machen …!", lautet seine Devise. Da ist sie wieder – die „Hickmannsche Bodenständigkeit", die er in Hinblick auf Seriosität auch bei Network-Unternehmen anmahnt.

HOHE PRODUKT-QUALITÄT NÖTIG, DAMIT FOLGEVERKÄUFE MÖGLICH SIND

„Die Qualität eines Network-Unternehmens ist enorm wichtig, weil sie Vertrauen schafft!", so der Unternehmer, der schon lange seine

Anteile an LR Health & Beauty veräußert hat und im Dezember 2008 nach Ablauf seines Wettbewerbsverbots Gesellschafter bei EVORA wurde. Zu diesem Kosmetik- und Parfum-Unternehmen gehörte wiederum auch eine Tochtergesellschaft namens 24nexx. Vertrieblich für den klugen Network-Unternehmer ein Juwel, das er im Jahr 2016 zusammen mit Melanie Blankmann (*s. Foto S. 29*) aus dem EVORA-Unternehmen herauskaufte, und das beide seither erfolgreich am Markt führen. Aber was macht so ein Unternehmen überhaupt aus? Reichen Spitzenprodukte und ein funktionierender Vertrieb nicht sogar, um erfolgreich zu sein? „Da wäre zuerst die wichtige und richtige Aufgabenteilung. Die Firma selber hat für die entsprechend richtigen Rahmenbedingungen zu sorgen. Dazu gehören in erster Linie sehr, sehr gute Produkte. Sie müssen von der Qualität so gut sein, dass die Kunden sie nachkaufen. Denn ohne diese Folgeverkäufe wird wiederum keine Stabilität in den Umsatzzahlen erreicht. Ferner muss es interne Geschäftsbedingungen geben, die sauber und fair sind und an die sich die Vertriebspartner zu halten haben. Der zweite Part in der Aufgabenteilung betrifft die Vertriebspartner, die für den Umsatz durch den Aufbau von Stammkunden und der Vertriebsorga zuständig sind!", macht der 24nexx-Mitinhaber deutlich. Aber „fair" heißt bei 24nexx auch „sicher". Sichere Fairness? Gibt's die überhaupt? „Sicherheit ist für viele Menschen extrem wichtig. Ein Network-Business baut man nicht nur für sich, sondern auch für die Nachkommen auf. Bei uns ist das Business darum ab einer bestimmten Stufe vererbbar, und 24nexx verzichtet auf das Recht der ordnungsgemäßen Kündigung. Ich halte aber auch die Qualität der Ausbildung, die ein Unternehmen anbietet, für extrem wichtig und für ein Muss als Qualitätsmerkmal einer Network-

Company. Da es die Pflicht eines Unternehmens gegenüber seinen Vertrieblern und somit auch gegenüber den Kunden ist, bestens geschulte Vertriebspartnerinnen und -partner am Markt aktiv sein zu lassen!", erklärt Achim Hickmann mit Nachdruck. „Es ist in meinen Augen verantwortungslos, wenn man Führungskräfte hat, die das Business weder richtig kennen, noch richtig leben. Wobei der letztgenannte Punkt in meinen Augen fast noch schlimmer wäre …!"

Für den stets aktiven Vertriebler Hickmann, der Network-Marketing ebenso liebt wie lebt, der sich auch weiterhin seine Neins in diesem Geschäft abholt wie seine Jas, gehört auch die Philosophie eines Unternehmens mit zur geschäftlichen Grundlage. Bei seiner eigenen Unternehmung „24nexx" lautet diese „DESIGN YOUR LIFE" – ein Slogan mit Weitblick, der die Produktpalette von Parfums, Kosmetik, Nahrungsergänzung bis hin zu Mode ebenso mit einbezieht wie die mentale Ausrichtung der Network-Partnerinnen und -Partner. „Dieses Motto ist Philosophie und Motivation in einem. Es ist unsere Botschaft. Denn wir möchten, dass alle, die mit und bei uns Geld verdienen, ihr Leben entsprechend dem Motto

neu und damit nach ihren Wünschen neu designen können. Wie sehr neu und anders, das entscheidet jeder für sich. Selbst wer 300 Euro pro Monat dazuverdient, kann sein Leben ja schon anders designen. Das sind 3.600 Euro im Jahr – eine Summe, mit der sich etwas anfangen lässt und die daher nicht als gering verkannt werden sollte. Für die eine oder andere Person kann sich mit diesem Geld schon gewaltig viel im Leben ändern. Und wer sein Leben größer und noch wirkungsvoller bis hin zur finanziellen Unabhängigkeit verändern und designen will, der hat bei uns ebenso die Gelegenheit dazu – und dies von überall auf der Welt. Denn in unserem Business gibt es keine Grenzen. Ein Internetanschluss genügt. Insofern steht jedem die Welt zu einem völlig neuen Leben offen, zu einem total anderen Design. Genau das ist es, was wir mit all denjenigen erreichen möchten, die sich uns und damit unserer Philosophie anschließen!"

DAS WOHL DES VERTRIEBS MUSS IM INTERESSE DER COMPANY IM MITTELPUNKT STEHEN

Heißt das, dass Network-Marketing heute eher zum Online-Business mutiert ist, wo es doch früher ein Geschäftsfeld war, wo gerade der Mensch im Mittelpunkt des Interesses stand? Hat sich die Achse zwischen online und offline in den letzten 30 Jahren so sehr verschoben? Die Wahrheit liegt wie immer in der Mitte – so auch hierbei.

„Der Mix aus beidem macht's. Nur ‚Old School' funktioniert heutzutage schwieriger, ein reines Geschäft à la E-Commerce aber ebenso, weil der menschliche Faktor durchaus noch wertvoll ist und zählt!", erläutert Achim Hickmann. Ein Erfahrungswert liegt in seiner Aussage, auch weil er weiß, dass die anfänglich reinen „Onliner" zunehmend ein Stück weit offline aktiv werden wollen, allein um ihr Geschäft etwas berechenbarer zu machen und einen Hauch mehr Kontinuität in die Zahlen zu bekommen. Genau das ist über den persönlichen Draht zum Kunden auch im digitalen Zeitalter immer noch besser möglich als im Bereich online. „Viele Kunden wollen nach wie vor bedient werden, bevorzugen es, ein Produkt erklärt zu bekommen, und möchten in unserer Branche eher mit einer vertrauten Person kommunizieren als anonym über das Netz. ‚Viele Kunden' heißt aber eben nicht alle und daher halte ich einen gesunden Mix aus beiden Wegen für optimal!"

Stichwort optimal – diesem Adjektiv gesellen sich zwei Aspekte bei dem Network-Unternehmer hinzu. Zum einen das vertriebliche Brennglas-Prinzip und zum anderen die Fokussierung auf das Wohl des Vertriebs. Beides ist optimal. Im ersten Fall geht es um die aktive Ausrichtung einer Vertriebspartnerin oder -partners. Die Devise lautet: Konzentriere dich auf einen Punkt, nämlich den, wo du lebst. Entfache dort ein Feuer, und dieses breitet sich dann immer weiter und weiter aus. Ja, da kann es auch passieren, dass mal ein Funken an einen ganz anderen Ort fliegt, den gleichen Brenneffekt auslöst und neues Wachstum entsteht. Aber primär geht es um das eigene lokale Umfeld. Das gilt auch heute noch, damit man nicht wie ein chinesischer Tellerdreherakrobat durch die Städte, Lande und Nationen irrt, um mühsam alles am Laufen zu halten. Allerdings lässt sich aufgrund der Möglichkeiten, die das Internet bietet, der Vertriebsaufbau in einer anderen Region einfacher und kostengünstiger bewerkstelligen, als es früher der Fall war.

Das bringt dann den zweiten Faktor in Bezug auf „optimal" mit sich: die absolute Fokussierung eines Unternehmens auf das Wohlergehen des Vertriebs und seiner aktiven Menschen. „Alles, was wir bei 24nexx entscheiden, verändern und erneuern, wird erst unter einer Frage diskutiert: Ist das gut für die Vertriebspartner und ebenfalls gut für das Unternehmen? Diese Symbiose steht für einen optimalen Zustand. Das heißt: Im Mittelpunkt stehen stets die Beraterinteressen. Wenn wir als Company das mittragen können, dann wird es auch so umgesetzt!", sagt Achim Hickmann mit Nachdruck. Dass er für diese Faktoren mit seinem Namen steht, beweist ein über 30-jähriger Erfolgsweg, auf dem der „Macher der Bonusmillionäre" sein Leben designed hat und das vieler anderer auch. Denn: Auch bei 24nexx werden sich immer mehr Frauen, Männer und Teams den Status „Bonusmillionär" erarbeiten. Der Weg dahin ist ein Marathon, der im Schnitt zehn Jahre dauert. Man merkt es sofort: Best of Network-Marketing – wenn nicht Achim Hickmann, wer dann?

ACHIM HICKMANN – spontan gefragt, spontan gesagt:

● **Mir ist Erfolg wichtiger als …**
„… alles andere – ausgenommen Familie, Freunde und Gesundheit – die haben in jedem Fall Vorrang!"

● **Network-Marketing ist die Zukunft, weil …**
„… es das rundum beste Business-Modell der Welt ist und auch bleiben wird, da es schlicht und einfach alternativlos ist!"

● **Mein wichtigster Rat an alle aktiven Networker lautet:**
„Der Erfolg deiner Vertriebspartner muss dir immer wichtiger sein als der eigene Erfolg!"

● **Mein wichtigster Rat an alle, die noch keine Networker sind, lautet:**
„Überlegt euch gut, was ihr in eurem Leben wirklich erreichen wollt, und dann schaut nach einem Weg, wie ihr das erreichen könnt!"

SABINE & WOLFGANG LINDEMANN

PM-INTERNATIONAL

EINE REISE VOM STRIKTEN NEIN ZUM EUPHORISCHEN JA
– WEIL DIE FREIHEIT LOCKTE

"Freiheit ist das einzige, was zählt!" singt Marius Müller-Westernhagen in einem seiner bekanntesten Songs. Eine Textzeile, die Sabine und Wolfgang Lindemann nicht nur singen würden, sondern die sie lieben und leben. In jeder Sekunde ihres Daseins. Und das mit absoluter Konsequenz. Freiheit fühlen, erleben, genießen und für wirkliche Freiheit dankbar sein, das gibt ihnen mehr als nur Kraft und Energie. Dabei definieren sie Freiheit nicht als geistige Anarchie, sondern behandeln sie voller Demut mit höchster Verantwortung. Weil sie als ehemalige DDR-Bürger um den Wert dieses Schatzes wissen. Denn Freiheit hat hinter einer Mauer eine noch viel größere Bedeutung. Aber wie lebt man Freiheit? Durch Loslassen, durch Offenheit, durch selbst gemachte Erfahrungen und zu guter Letzt in einem System, das durch Freiheit geprägt ist und seine Funktionalität darauf baut: Network-Marketing! Das zu erkennen, ist gar nicht so einfach, wie auch das Ehepaar Lindemann weiß. Standen sie doch der Branche anfangs selber mehr als skeptisch und ablehnend gegenüber. „Network-Marketing? Nun wirklich nicht! Alles, aber sicherlich nicht das ...!", gesteht Wolfgang Lindemann offen. Von einst totaler Ablehnung hin zu jetzt geradezu euphorischer Liebe – ein weiter Bogen, der da gespannt werden muss. „Der entsteht, wenn die Produkte von höchster Qualität sind und einen total überzeugen ...!", erklärt Sabine Lindemann ... und wenn die *persönliche Freiheit von Tag zu Tag weniger wird. Wenn der Druck von allen Seiten ansteigt, so sehr, dass keine Luft zum Atmen mehr bleibt – beruflich, finanziell, privat, emotional, temporär. Ein Kampf an mehreren Fronten ohne Aussicht auf Besserung. Auch das haben die Lindemanns erlebt – nach der Wende in der vermeintlichen Freiheit des Westens. Leistungsdruck, berufliche Anforderungen im Höchstmaß und der tägliche Kampf ums liebe Geld. Denn „ohne Moos nix los" – auch nicht in Freiheit.*

„Sabine und ich lernten uns in Cottbus kennen und lieben. Sie als diplomierte Sozialpädagogin aus Sachsen stammend und ich der Berliner, der aber in Cottbus als Bauingenieur seine eigene Dachdeckerei mit 24 Angestellten leitete, für die ich verantwortlich war. Das bedeutet: ständig auf Achse, permanent auf der Jagd nach Aufträgen, Sorgen, Stress rund um die Uhr. Also beschlossen wir einen Neustart in Berlin. Doch bevor es dort losgehen konnte, bauten wir für uns und die fünf Kinder aus unserer jeweils ersten Ehe ein Haus. Noch mehr Stress – in der Woche Arbeit in Cottbus, am Wochenende Hausbau in Berlin. Als es geschafft war, zogen wir allesamt in unseren Neubau – und damit kam auch das große Grübeln … Altersvorsorge? Rente? Rücklagen? Von wegen, all das steckte komplett im Bauvorhaben. Aber was ist, wenn man 65 und älter wird? Wovon sollen wir leben? Noch mehr arbeiten, um mehr Geld zu verdienen, ging nicht. Der Tag hat ja nur 24 Stunden. Und dann fiel ein fast magischer Satz. Ein Satz, den jemand sagte, bei dem wir seit rund einem Jahr unsere besagten Produkte kauften. ‚Bei uns könnt ihr euch ein passives Einkommen nebenbei aufbauen!' Dieser Begriff vom passiven Einkommen hat uns einfach nicht mehr losgelassen und machte uns überhaupt erst zugänglich für das Thema ...!", bekennt Wolfgang Lindemann. Man kann also getrost behaupten: erst Patchwork, dann Network ... und heute totale Freiheit.

So total, dass die beiden Lindemanns rund sieben Monate im Jahr in einem zugegeben höchst komfortablen Wohnmobil unterwegs sind. Nicht ziellos oder gar vagabundierend. Sie kosten einfach ihre durch Network-Marketing erlangte Freiheit in vollen Zügen aus. Und das bedeutet auch, dass sie täglich ihren eigenen „Roadmovie" erleben. „On the road again" – von der alpinen Schweiz ins sächsische Erzgebirge, vom Rheinland rauf an die Elbufer Hamburgs, rüber an die Ostsee und weiter zum Zwischenstopp an den Bodensee. Da, wo sie in ihrem schicken Zuhause den Rest des Jahres in einer traumhaft schönen Umgebung verbringen, wenn sie nicht wie „Rockstars der Network-Branche" über europäische Highways düsen. Dabei verbinden die beiden in nahezu perfekter Manier Freiheit, Freizeit und Business. Denn was sich auf den ersten Blick nach zielloser Reiserei anhört, ist ebenso intensives und detailliert geplantes Kümmern, Betreuen und Fortbilden der Teams, die über den ganzen deutschsprachigen Raum verteilt sind. Teams, die auf einen perfekten Erfahrungsschatz beim Network-Ehepaar Lindemann treffen. Sie partizipieren einerseits an Wolfgangs Führungs- und Unternehmer-Expertise und an seinem sportiven Leistungsgedanken, den er als ehemaliger DDR-Auswahlschwimmer bis heute hegt und pflegt. Und andererseits am Know-how, das Sabine überaus empathisch auf dem Gebiet der Sozialpädagogik zu vermitteln weiß. Was für ein idealer Mix! Bei beiden dominiert die selbst erlebte Praxis und kein theoretisches Halbwissen ...

Ein Vorteil, der sicherlich auch ihrer individuellen Lebenserfahrung geschuldet ist und ihrer permanenten Offenheit, nicht nur neue Eindrücke zuzulassen, sondern diese Impressionen auch anzunehmen. Sie zu verwerten und schließlich in Learnings zu konvertieren, um sie dann an andere nutzbringend weiterzugeben. Und eines kann an dieser Stelle versichert werden: Auf den vielen Kilometern, die die beiden jährlich „abreißen", können sie sich gegen neue Impacts aller Art gar nicht wehren.

„Natürlich kommen uns da die persönlichen Tugenden und die jeweils fachliche Kompetenz aus unseren ursprünglichen Berufen zugute. Als Sozialpädagogin muss man ein gutes Händchen für Menschen haben. Etwas, das im Network-Marketing mehr als nützlich ist. Einerseits, um die richtigen Partnerinnen und Partner zu kontaktieren und dann auch zu sponsern. Aber andererseits auch, um diese Expertise in die effektive Führung von Teams einfließen zu lassen. Ja, ich denke, das liegt mir. Ebenso die Fähigkeit zur zielführenden Kommunikation. Diese Skills wende ich nicht nur an, sondern schule sie auch, um unsere Führungskräfte in diesem Bereich immer fitter zu bekommen. Letztendlich basiert unser Business doch primär auf einem extrem guten Umgang mit Menschen. Wir sind in einem People-Business. Dazu gehört nun einmal auch eine große Portion Empathie. Eine Eigenschaft, die nicht jeder gleich mitbringt, die man aber durchaus lernen kann!", macht Sabine Lindemann deutlich, und Ehepartner Wolfgang ergänzt: „Die Fokussierung auf ein Ziel ist sicherlich etwas, was ich aus dem Leistungssport mitgenommen habe. Anvisieren und dranbleiben. Das Ziel stets im Auge haben und sich nicht vom Weg abbringen lassen. Das ist ja etwas, was nicht nur in unserer Branche wichtig und wertvoll ist. Diese Qualität hilft jedem in allen Lebenslagen. Nur als Beispiel: Als wir noch frisch im Geschäft waren, da wusste ich schon, dass wir einmal ganz oben ankommen werden. Nein, hier war nicht der Wunsch Vater des Gedankens. Ich wusste es einfach, weil ich es mir zum Ziel gesteckt hatte. Und ich erreiche meine Ziele, komme was da wolle. Auch, wenn ich damals noch nicht einmal wusste, wie ich es schaffen werde. Aber dass ich ankomme, das stand außer Frage für mich …!" Doch die Vision allein genügt nicht, um es nach oben oder gar nach ganz oben zu schaffen. Das wissen beide nur zu gut. Entscheidend dabei ist nämlich die Bereitschaft, für dieses Ziel zu arbeiten. Und zwar anfänglich wahrscheinlich mehr als in einem üblichen Nine-to-five-Job. Hart zu arbeiten, bedeutet, ohne einen Blick auf die Uhr zu werfen und weniger zeit-effektiv als lösungs-effizient aktiv zu sein. Der Job des Tages ist erfüllt, wenn alle anstehenden Arbeiten erledigt sind. Und zwar so, dass das jeweilige Etappenziel voll und ohne Kompromisse erreicht und entsprechend umgesetzt wurde. Alles edle Erkenntnisse und kluge Weisheiten, die heute bei den beiden Top-Networkern offenkundig sind. Aber auch ihr Anfang sah ganz anders aus – trotz der beruflichen Vorbildung …

VON BLOSSEN JOGHURTVERKÄUFERN ZU NETWORK-UNTERNEHMERN MIT AUSSTRAHLUNG

„Zu allererst stand unsere eigene Egozentrik im Wege!", gesteht Sabine Lindemann mit einem sympathischen Lächeln. „Wir waren ja schließlich zwei studierte Menschen, also waschechte Akademiker. Somit stand für uns irgendwie innerlich auch fest, dass wir wohl schon alles wissen. Immer den Gedanken im Hinterkopf: Wenn die anderen das können, dann können wir das erst recht!" Ein Stichwort, das Wolfgang aufnimmt und erklärend ergänzt: „Apropos ‚Recht'. Ich war ja, nachdem ich meine Dachdeckerei verkauft hatte, Gutachter im Bauwesen. Meine Aussagen und niedergeschriebenen Sätze hatten Gewicht. Und daher hatte ich auch immer Recht – quasi von Berufs wegen. Umso selbstverständlicher übernahm ich diese innere Überzeugung auch in das Network-Geschäft. Keine Frage, ich hatte Recht und machte vermeintlich so ziemlich alles richtig. Von wegen ...!", gibt er heute erfrischend offen zu. Vor allem die wichtigste Lektion lernten die beiden Studierten erst mit der Zeit: Im Network-Marketing dominiert die leicht verständliche Einfachheit. Der bekannte Werbeslogan „Weil einfach einfach einfach ist" hat in diesem Business nicht nur seine Berechtigung, sondern ist geradezu notwendig in der Anwendung und Umsetzung. „Wir glaubten, das Rad neu erfinden zu müssen. Dabei machten wir darüber hinaus auch noch den Fehler, viel zu viel zu erklären und das auch noch erheblich zu lange und zu kompliziert. In diesem Moment hatten wir selber nicht die erforderliche Lernfähigkeit und auch nicht die Demut. Und zwar dahingehend, dass wir einfach das genutzt und angewendet hätten, was schon da war. Tausendfach erprobte und mit Erfolg ausgezeichnete Mittel und Werkzeuge. Stattdessen bauten wir beispielsweise unsere eigenen Präsentationen, nach dem Motto: Wir Akademiker wissen es mal wieder besser! Pustekuchen. Gar nichts wussten wir besser. Stattdessen ‚verschlimmbesserten' wir nur. Kein Wunder, dass wir so anfangs regelrecht gegen die Wand fuhren!", berichtet Profi-Networkerin Sabine. Die daraus resultierenden Neins und die hautnah erlebte Ablehnung waren zugleich nicht nur eine schmerzhafte Erfahrung, sondern taten regelrecht weh. „Der Umgang mit Missbilligung und Abweisung lag uns überhaupt nicht. Auch, weil wir das ja bisher nicht kannten, geschweige denn gewohnt waren. Zudem haben wir uns gerade anfangs das Leben unnötig schwer gemacht, weil wir mit unserem neuen Geschäft gleich die härtesten Nüsse knacken wollten. So kontaktierte ich unter anderem Ärzte oder Heilpraktiker … Das würde ich heute als Anfänger nicht mehr tun. Und noch etwas kam hinzu: Um weitere Neins zu vermeiden, versuchte ich, den einfachsten Weg zu gehen, und verkaufte ständig nur Joghurts aus der Produktpalette unserer Partner-Company. Mein Gedanke dabei war: Joghurt essen alle gerne, also kriege ich so weniger Neins. Das Resultat war, dass wir die ersten Jahre gar nicht in den Aufbauprozess des Geschäfts gekommen sind. Wir waren reine Joghurt-Verkäufer …!", berichtet Wolfgang Lindemann.

Der Impuls zum Turnaround kam vom „Erfolgs-Ziehvater" der beiden. Spitzen-Networker Joachim Heberlein, immerhin die Nummer 1 bei PM-INTERNATIONAL, gab den entscheidenden Tipp: „Ihr müsst Geschichten erzählen, und zwar die Erfolgsgeschichten anderer …!" Ein Ratschlag, der die beiden damaligen „Network-Greenhorns" beinahe fassungslos machte. Ausgerechnet sie, die nahezu alles mit wissenschaftlichem Hintergrund aufgeschlüsselt haben wollten, die jede Tatsache hinterfragten und bis dato auch anderen auf diesem intellektuellen Weg den Zugang zur Produktwelt und zum Business ebnen wollten, sollten plötzlich „nur" Geschichten erzählen? Wie profan ist das denn? „Ich konnte mir das einfach nicht vorstellen, dass man andere Menschen mit einer simplen Erfolgsstory abholt. Das überstieg wiederum meinen Horizont!", lacht Sabine Lindemann und schüttelt ungläubig über sich selbst den Kopf. Ja, Einfachheit siegt. Vor allem im Network-Marketing. Das merkte auch das heutige Network-Power-Paar, als es über den eigenen Schatten sprang und sich der Simplizität hingab, es fortan doch einmal mit „eingängigen Storys" zu versuchen. Auslöser war der eingerahmte Satz in einem Buch, der wie folgt lautete: „Du musst erst Schüler sein, bevor du Lehrer sein darfst!" Eine Sentenz mit Nachwirkung. Denn beide „Lindemänner" zogen den richtigen und ebenso notwendigen Schluss daraus, der da lautete: Hört auf euren erfahrenen, erfolgreichen Lehrer Heberlein, und tut es ihm nach.

Denn ihr wollt da hin, wo er schon ist – an die Spitze! Und siehe da, es tat sich etwas. Die Trend-

und Erfolgskurve zeigte mit der Zeit zunehmend nach oben. Heute sind beide nicht nur Top-Networker, sondern insbesondere Top-Storyteller, wenngleich Sabine Lindemann offenherzig bekennt: „Das zu werden, das war für uns beide die größte Herausforderung in unserer Network-Karriere …!" Wer hätte das gedacht …

MUT ZUR EINFACHHEIT
ALS SCHLÜSSEL ZUM ERFOLG

„Echte Erfahrungsberichte sind Tatsachen, die man nicht wegdiskutieren kann. Genau das ist der Punkt. Und wir versuchen heutzutage, alles im Geschäft so einfach wie nur möglich zu sagen, zu machen, zu erklären und vorzuführen. Das ist unsere tägliche Herausforderung. Diese Erkenntnis zur Vereinfachung ist ein wesentlicher Schlüssel zu unserem Erfolg. Und das gilt nicht nur in der angewandten Sprache, sondern auch in den Abläufen und Prozessen. Die müssen auf leichtem Weg systematisiert und standardisiert sein, denn so wird alles eingänglich nachvollziehbar. So etwas setzt sich im Kopf fest und macht es auch den neu Gesponserten von vornherein leichter einzusteigen, sich zurechtzufinden und sich dann zu etablieren!", erläutert Wolfgang Lindemann nachvollziehbar. „Wir machen alles so einfach wie möglich vor, dass anschließend jeder in der Lage ist, diesen Prozess identisch nachzumachen. Egal, ob es die alleinerziehende Mutter von nebenan ist, die Sekretärin oder die Juristin, ob ein Maurer, ein Bankangestellter oder ein Ingenieur – unsere Arbeitsweise ist für alle gleich einfach und daher auf leichteste Art zu reproduzieren!"

Eloquente Worte, die durchaus logisch erscheinen und ein Stück weit den großartigen Erfolg von Sabine und Wolfgang Lindemann erklären. Aber ist das schon alles? Schlichte Einfachheit als Mantra vor sich hertragen und sich lediglich nur an der Unkompliziertheit in Wort und Tat orientieren? Nicht ganz, denn die Sympathie, die beide fast im Übermaß ausstrahlen, tut ein Weiteres dazu. Herzlichkeit und Wärme, Kompetenz, gepaart mit Empathie, positive Normalität mit liebenswürdiger Verrücktheit, charmante Intelligenz mit freundlicher Klugheit – alles spürbare Attribute, die beinahe anstecken. Und von denen man sich ebenso gerne anstecken lässt.

Und dann wäre da noch die Kontinuität, die es erst zusammen mit eiserner Konsequenz ermöglicht, Herausforderungen anzunehmen und letztendlich auch zu bestehen. „So einfach es ist, in das aufregende, freiheitsliebende Geschäft Network-Marketing einzusteigen, so leicht ist es auch, schnell aufzugeben und die Branche wieder zu verlassen. Heute einsteigen, morgen aussteigen. Das bedeutet, man ist nicht gezwungen, Probleme zu bewältigen oder Herausforderungen meistern zu müssen. Denn man kann auch einfach aufgeben. Das ist oftmals schade, weil so mancher zu schnell kampflos das Feld räumt und eine großartige Chance wegwirft. Auch, weil unter anderen Umständen, wo es einem mit dem Weglaufen nicht so einfach gemacht wird, diese eine schwierigere Hürde genommen werden würde. Ein Erfolgserlebnis, das einen in letzter Konsequenz wieder weiter im Leben bringt, weil es einen Lerneffekt nach sich zieht und die eigene Personality bildet. Das macht deutlich, dass es nur einen kleineren Prozentteil an Menschen gibt, der eben doch den Biss hat, bis zum Ende durchzuziehen statt aufzugeben, nur weil es einmal etwas schwerer wird. Die Bereitschaft, sich anzustrengen und Mühen auf sich zu nehmen, die muss in unserem Geschäft vorhanden sein, wenn man hier erfolgreich werden will. Dieses ‚trotzdem' ist daher unser beider Vorteil. Denn wir haben trotzdem weitergemacht, trotz aller Anfangsschwierigkeiten, und auch wenn es mal schwer wurde!", resümiert die Networkerin.

Doch heißt die Losung bei beiden immer: fördern statt fordern! Dies auch vor dem Hintergrund, dass die zwei Spitzen-Führungskräfte nicht vergessen haben, welch eigenen Leidensdruck sie einmal selbst auszustehen hatten und wie schwer Existenzangst Geist und Seele belastet. „Das hat bei uns zur Folge, dass wir uns wohl auf so ziemlich jeden anderen einstellen können. Menschen in solchen Situationen können wir gut dort abholen, wo sie oder er sich gerade befindet. Weil wir solche Ängste ebenso kennen wie die entsprechenden Lebenssituationen. Bei uns wächst mit dem Erfolg nicht zugleich das Ego. Im Gegenteil, Sabine und ich fliegen viel lieber unter dem Radar und setzen auf den Faktor Bescheidenheit und Augenhöhe. Ja, wir sind gern ‚die lieben Lindis', helfen gern, sind für andere gern da. Vielleicht auch, weil dieses Verhalten in der heutigen Gesellschaft diametral zum oft üblichen Habitus steht!", bekennt der Netzwerker mit „Hirn und Herz".

Es ist bemerkenswert, dass Freundlichkeit, Ehrlichkeit und Liebenswürdigkeit heutzutage so markant und auffällig sind. Umso schöner, wenn sie sich parallel dazu als ein nützliches Werkzeug im täglichen Geschäft erweisen. Instrumente, die unmittelbar mit den Lindemanns verknüpft sind. Das ist aber auch eine Verpflichtung zur Authentizität. Denn Freundlichkeit ist nichts, was man schauspielern kann. Zu schnell würden andere einen enttarnen. Gerade in Zeiten von Social Media, wo man – insbesondere im Network-Marketing-Business – omnipräsent zu sein scheint. „Menschen müssen sehen, dass du das, was du sagst, auch bist und entsprechend handelst!", betont Sabine Lindemann mit Nachdruck.

Seit 2003 sind sie und ihr Wolfgang aktiv im Geschäft, wobei sie ihre persönliche Reise zu finanzieller Freiheit und ultimativem Lebenserfolg in ihrem Buch „Network-Marketing-Roadmovie" eindrucksvoll geschildert haben. Dass sie sich aufeinander verlassen können, das wissen sie. Dass sie sich gegenseitig nahezu perfekt ergänzen, das spüren sie. Dass sie sich gemeinsam in bemerkenswerter Weise immer weiterentwickeln, und dies ohne sich zu entfremden, das schaffen sie. Dass ihre Basis Liebe und Respekt ist, das sind sie – und das strahlen sie aus. Sabine und Wolfgang Lindemann haben viel in ihre Karriere investiert, haben aber auch viel mitgebracht und noch mehr daraus geerntet. Ein ausgewogener Dreiklang, der sie zu einem ehrlichen Fazit kommen lässt: Network-Marketing ist für beide das ehrlichste, fairste und gerechteste Geschäft auf Erden, weil alles transparent und präsent ist. Vor allem auch sie selber, wo auch immer gerade ihre Route im opulenten Wohnmobil sie hinführt ...

SABINE & WOLFGANG LINDEMANN –
spontan gefragt, spontan gesagt:

● **Uns ist Erfolg wichtiger als …**
„… was die Leute von uns vielleicht denken mögen …!"

● **Network-Marketing ist die Zukunft, weil …**
„… der Mensch im Zentrum steht und viele hier eine Chance bekommen, die sonst kaum eine Chance bekommen würden!"

● **Unser wichtigster Rat an alle aktiven Networker lautet:**
„Schule dich in Kommunikation, und sei ausdauernd, dann kommt auch der Erfolg …!"

● **Unser wichtigster Rat an alle, die noch keine Networker sind, lautet:**
„Hört es euch einfach mal an, und schaut selbst, ob etwas davon für euch interessant sein könnte. Vor allem schmeißt eure Vorurteile über den Haufen, und macht eure eigenen Erfahrungen …!"

PHIL RITTER

FOREVER

ERFOLGREICH DURCH DAS EHRLICHSTE UND SERIÖSESTE GESCHÄFT DIESER WELT

Network-Marketing, so heißt es immer wieder, ist eine schillernde Welt der „bunten Vögel", der Glücksritter, der extravaganten Party-People und der wilden Egozentriker ... So sind sie halt, die erfolgreichen Networker ... Falsch! Absolut falsch! Denn Phil Ritter ist genau all das nicht. Ganz im Gegenteil – er verkörpert vielmehr Eigenschaften wie Bodenständigkeit, Bescheidenheit, latente Introvertiertheit, Hilfsbereitschaft oder einfach ausgedrückt „sympathische Normalität". Und dennoch gehört der stets freundliche Network-Unternehmer zur Crème de la Crème in der europäischen Top-Network-Szene. Er ist die absolute Nr. 1 in der Schweiz, hat längst die höchste Karrierestufe seiner Company erreicht, und auf dem Weg an die Spitze alle Rekorde gebrochen. Dabei hat er heute nur eines im Geschäftssinn: andere Menschen so erfolgreich zu machen, wie er selber ist. Während andere auf der Spitze des Erfolgs Lust auf mehr haben, an finanziellen und materiellen Dingen, von Glanz und Glamour scheinbar gar nicht genug bekommen können, setzt er auf Demut, Dankbarkeit und Persönlichkeitsentwicklung. Dabei vergisst er niemals, wo er herkommt, seine Anfänge, wie sein Weg ursprünglich aussah und wohin ihn dieser geführt hat. Wenngleich er auch weiß, dass er das, was er heute ist und gestern war, vor allem sich selber zu verdanken hat. Sich und seiner Triebfeder, die sich aus der Fokussierung auf ein Ziel definiert. Und das, war schon immer so ...

Keine Frage, erfolgreich zu sein, hat für ihn nichts mit Glück oder gar Zufall zu tun. Der Grad des Erfolgs lässt sich auch nur mittelbar am Kontostand oder am Status eines Karrierelevels ablesen. Die Erfolgsdefinition von Phil Ritter ist so einfach wie einleuchtend: Ziel setzen, Ziel erreichen! Völlig unabhängig davon, was das Ziel ist. Egal, ob der Weg dahin eine Woche, einen Monat oder länger dauert. Solange das Ziel im Fokus ist, man unbeirrt daran festhält und alles dafür tut, es zu erreichen, ist jemand auf der Straße des Erfolgs – ohne Wenn und Aber. „Es gibt immer eine gewisse Schwelle, die auf dem Weg zum Ziel zu überschreiten ist – für jeden. Diese Schwelle ist eine Herausforderung, die einen innerlich beinahe zerreißt. Es ist der Moment, wo man sich die Frage stellt: ‚Schaffe ich das wirklich, und kann ich jetzt, just in diesem Moment, noch weitergehen?' Die meisten aber hören genau in diesem Moment auf, statt es durchzuziehen. Wer über diese Schwelle geht, wer die Herausforderung annimmt und den besagten einen Schritt vorwärtsgeht, der ist für mich erfolgreich!", erklärt der Schweizer Spitzen-Networker. Und er weiß, wovon er redet, denn er hat es sich zur Angewohnheit gemacht, niemals an dieser besagten Schwelle zu stoppen, sondern immer gerade diesen einen Schritt mehr zu tun. Das mentale Hindernis, wo der Kopf einem sagen will, dass es nicht mehr geht, dass man am Ende zu sein scheint und einen zum Aufgeben bewegen will. „Ich lasse mich von dieser inneren Stimme aber eben nicht stoppen. Denn ich weiß, wer diesen Moment besteht, der erreicht sein Ziel. Das ist wirklicher Erfolg!", macht der Schweizer deutlich.

MACH ERST DICH ERFOLGREICH, BEVOR DU ES BEI ANDEREN PROBIERST

Ziele zu haben und sich Ziele zu setzen, das hört niemals auf. Selbst wenn man glaubt, alles zu besitzen und erreicht zu haben, was man ursprünglich wollte. Es geht darum, neue Beweggründe für sich zu suchen und zu finden. Dies ist ein Stück weit Lebensinhalt. Denn Ziele sollen einem Menschen bei der Beantwortung der essenziellen Frage helfen: Wie kann ich die beste Version von mir werden? Für Phil Ritter die Frage aller Fragen, die ein Leben mit Inhalt erfüllt – insbesondere ein Leben im Network-Marketing. „Der Anfang liegt immer bei einem selbst. Es ist ja schön und gut, wenn jemand wiederum andere erfolgreich machen will. Aber ich rate stets dazu: Beginne erst einmal bei dir selbst! Mach dich selbst erst erfolgreich, bevor du dieses hehre Ziel bei anderen in Angriff nimmst. Andernfalls wird es nichts mit dem guten Vorsatz werden. Du musst nämlich als Leader und somit als gutes Beispiel vorangehen. Keine Frage, du kannst anderen helfen. Aber es besteht ein großer Unterschied zwischen helfen, unterstützen und ermächtigen!", erklärt der Top-Networker.

AUS DER UNTERSTÜTZUNG DARF KEINE ABHÄNGIGKEIT ENTSTEHEN, SONDERN ERSTREBENSWERTER IST EINE ERMÄCHTIGUNG

Was meint er damit? Dazu hat er ein Beispiel parat. Kommt ein Kind zu den Eltern und bittet um Hilfe bei den Hausaufgaben, und diese erledigen die Aufgaben für das Kind, dann ist das sicher lieb gemeint, aber in Wirklichkeit keine Hilfe. Denn das Kind hat rein gar nichts dabei gelernt. Im Gegenteil, diese Hilfe macht lediglich abhängig und verwehrt dem Kind Lernerfahrungen, die es für die

Zukunft benötigt. Unterstützung bedeutet vielmehr, den Weg zusammen zu gehen, hier und da mal die richtige Richtung zu weisen oder Tipps zu geben, die das Kind peu à peu zum Ziel führen. Es zu ermächtigen, ist dann die Krönung, indem das Kind gelernt und verinnerlicht hat, die Herausforderung selber und eigenständig zu meistern. Und genau so funktioniert es auch mit gesponserten Vertriebspartnerinnen und -partnern. Sie müssen und sollen das Geschäft selber und selbstständig beherrschen und aktiv betreiben können. Das macht einen Spitzen-Networker wie Phil Ritter einerseits frei, andererseits aber ebenso stolz, erfolgreich und gibt ihm einfach ein nachhaltig gutes Gefühl. „Jeder Impuls, den ich anderen in dieser Hinsicht geben kann, erfüllt mich mit Freude und Genugtuung!"

Daraus generieren sich für den so erfolgreichen Networker zugleich die Skills, die er für unabdingbar hält. Denn in dem Wort „Ziel" steckt für ihn so viel mehr als nur der daraus resultierende Erfolg. Vielmehr geht es erst einmal für viele Menschen darum, überhaupt erst individuelle Ziele zu definieren, sie zu erkennen. Denn nur, wenn es die eigenen Ziele sind, kann man auch wirklich die Bereitschaft dazu entwickeln, den Weg, der sehr steinig sein kann, dorthin zu gehen und auf Kurs zu bleiben. „Wie geh ich ‚all in' bis zum Schluss? Das ist keine angeborene Fähigkeit. Das muss man lernen, leben und erleben!", sagt Phil Ritter mit Nachdruck. „Mit einem bloßen, meist halbherzigen Versuch funktioniert es nicht! Wer nur den Versuch unternehmen will, der braucht gar nicht erst zu starten. Denn Ziele sind nur in der Tiefe eines Menschen zu finden. Sie zu entdecken, zu erkennen, zu einer Sehnsucht und einem Verlangen zu machen, dazu braucht es mehr, als nur mal – wie von manchen

Führungskräften leider schnell getan – danach zu fragen. Echte Ziele müssen definiert, aufgeschrieben und festgehalten werden. Klingt vielleicht hart, ist aber ehrlich!", sagt der Buchautor von „Das beste Spiel meines Lebens".

Weil Phil Ritter um die Bedeutung und den Wert von Zielen weiß, nimmt er die Erarbeitung dieser bei anderen Menschen, die ihm folgen, auch so immens wichtig. Er nimmt sich ihrer Ziele an, notiert sie sich und ist so in der Lage, in beispielsweise schwierigen Phasen immer wieder einen Impuls zu setzen. Unter anderem indem er einen Brief an sie mit Bildern schickt, die ihre Träume zeigen. Dazu vielleicht nur eine Zeile schreiben, die aber regelrecht unter die Haut der oder des anderen geht: „Erinnere dich immer genau daran, warum du einst angefangen hast …!" So zeigt er anderen ihr Warum! Denn er weiß, genau das löst etwas tief im Inneren eines anderen aus. Ein Gespräch um und über Ziele ist eben mehr als bloße Phrasendrescherei. Es ist kein leichtes Kratzen an der Oberfläche, es ist das Elixier für Ziele, aus denen Erfolge erwachsen. „So entstehen Kräfte, die etwas Großartiges bewirken können. Diese Kräfte kann ein guter Coach in dir wecken. Denn jeder Mensch hat mindestens 20 Prozent mehr an Potenzial, das in ihm steckt, das er aber nur mit Hilfe eines anderen abzurufen vermag. Allein kommt man nämlich an die 100 Prozent nicht heran, weil du dir die letzten 20 Prozent nicht abverlangst. Diesen Weg gehst du einfach nicht allein. Aber genau diese 20 Prozent sind entscheidend. Sie allein bewirken erst die echte Veränderung, bringen dich deinem Ziel wirklich näher. Das ist eine Erfahrung, die ich selber immer und immer wieder gemacht habe …!", weiß Phil Ritter. Genau das ist der Grund, warum es so wichtig und zugleich kraftvoll ist, andere an der Seite zu haben, die einen coachen und auf dem Weg zum Ziel begleitend zur Seite stehen. Kurzum: Das ist echtes Network-Marketing!

NACH DEN ZIELEN FOLGT DIE GRÖSSERE VISION

Ziele zu haben und diese zu erreichen, ist ein Baustein in der Erfolgs-Matrix des sympathischen Schweizers, aber eben nur einer. Denn nach dem Ziel folgt die Vision – nicht zu verwechseln mit Utopie. Was will ich wirklich bewegen? Wie gestaltet sich meine Ausrichtung? Was habe ich für einen persönlichen Mehrwert – für mein Team, für meine Company, für meine Organisation, für meine Kunden und auch für mich selbst? Was will ich denen geben? Worin bin ich Experte und wie kann ich damit Mehrwert schaffen, damit es anderen Menschen besser geht? Um diese Fragen nachhaltig und tiefgründig beantworten zu können, bedarf es mehr, als nur einmal kurz drüber nachzudenken und schnell auf die Fragen aus dem Bauch heraus zu antworten. Diese Fragen sind essenziell und bedürfen einer eingehenden Analyse – allein für sich und gemeinsam mit der Führungskraft bzw. dem Coach.

WER MIR VERTRAUT, DEM MUSS ICH GEGENÜBER SEIN VERTRAUEN AUCH RECHTFERTIGEN

Phil Ritter ist sich dieser Bedeutung bewusst und lebt sie. Und weil er die Antworten auf solche Fragen kennt, vertrauen ihm Menschen und halten ihm die Treue. Denn er bietet neben Network-Marketing realen, ehrlichen „Mehr-Wert". Ein Grund, warum unter anderem

Fluktuation in seiner Organisation eben kein darüber schwebendes Damoklesschwert ist. Er steht für Kontinuität, Berechenbarkeit und Verlässlichkeit – zu guter Letzt alles Bausteine eines festen, seriösen Fundaments. Vielleicht auch, weil er sein Business als mehr als „nur" ein Geschäft betrachtet, das ihm sein Einkommen und damit das Auskommen sichert. Nein, es ist sein Lebenswerk, an dem er tagtäglich arbeitet und für das er lebt und wirkt. Auch, damit er später einmal etwas hinterlässt, mehr als nur einen kleinen Fußabdruck in einer großartigen Branche. „Menschen sind kein Spielzeug. Wer mir vertraut, dem muss ich gegenüber das Vertrauen auch rechtfertigen. Es geht beim Network-Marketing eben nicht darum, diese Menschen für das eigene Geschäft zu nutzen, sondern es funktioniert genau andersherum!"

Phil Ritter geht sogar noch einen Schritt weiter und setzt auf den Faktor „Selbstliebe", etwas, das aus Selbstvertrauen resultiert. Das ist keine Eitelkeit, keine Selbstverliebtheit, sondern Respekt vor sich selbst und vor allem die Gewissheit, sich selber und den eigenen Fähigkeiten vertrauen zu können. „Auch das beginnt in der Zielsetzung. Denn wer sich jedes Mal selbst betrügt, indem er niemals seinen Weg zu Ende geht, der vertraut sich selber nicht, auch weil er sich nichts zutraut. Ein fataler Kreislauf. In dem Fall wird ein Networker anders auftreten, sich anders verhalten, anders über das Business sprechen und nicht wirklich gut und richtig auf andere wirken. Eben weil die innere Überzeugung nicht vorhanden ist, die aber ist notwendig!", erklärt der Network-Überflieger

und nimmt sich da selber nicht aus. Denn auch er arbeitet heute noch mit anderen an sich, um sich stetig zu verbessern und somit täglich an seiner besten Version seines eigenen Ichs zu feilen. „Ich vertraue mir selber, weil ich heute weiß, was ich kann und dass ich die Tugenden und Eigenschaften erlernt und mir angeeignet habe, die ich brauche. Das gibt mir Sicherheit, denn ich weiß damit zugleich, dass ich jederzeit wieder ein Geschäft aufbauen kann. Mir kann nichts passieren. Ich bin safe, eben weil ich die Skills habe. Das lässt mich innerlich ruhen und gibt mir Kraft!", macht Phil Ritter deutlich und ergänzt: „Den einen absoluten Knaller-Tipp für den Erfolg im Network-Marketing, den gibt es nicht. Es sind viele Faktoren, gepaart mit kontinuierlicher, ehrlicher Arbeit, die den Erfolg ausmachen!"

WENN PLAN A GLEICHZEITIG AUCH PLAN B IST

Erfolg hin oder her, aber auch so ein erfolgreicher, in sich ruhender Mensch wie Phil Ritter hatte gegen Dämonen, Unwägbarkeiten, gegen Zweifel und negative Einflüsse von außen zu kämpfen. Der große Unterschied zu manch anderem: Er nahm diesen Fight an, stellte sich der Herausforderung. Und das gleich mehrfach. Denn von Kindheit an stand für ihn eines fest: Ich werde Fußballprofi! Ein Wunsch, den viele in sich tragen. Aber Phil Ritter machte Ernst und trainierte unentwegt. Schon als Kind und Jugendlicher war er nur auf dieses eine Ziel fokussiert. So arbeitete er sich Stück für Stück voran, spielte in verschiedenen Vereinen und Auswahlmannschaften. Mit der Karriere ging es stetig voran und bergauf. Bis eine schwere Erkrankung im Alter von 18 Jahren seinen Traum und damit sein Ziel zerplatzen ließ. Er stand vor dem Nichts. Kein Plan B, denn er hatte zuvor nur seinen Plan A im Fokus gehabt.

ICH HABE GELERNT, AUCH MIT ABLEHNUNG UMZUGEHEN, WEIL ES ZUM BUSINESS GEHÖRT

Und nun? Sein damaliger Manager brachte ihm die Idee des Networkings näher, auch um dem jungen Fußballer in der Situation des so frühen Karriereendes etwas den Druck und die Existenzangst nehmen zu können. „Es war in diesem Moment für mich ein Stück weit ein rettender Anker, der mir zumindest einen Hauch Perspektive bot. Und ich konnte es völlig ungebunden zumindest einmal ausprobieren. Absolut risikolos!", so der Ex-Fußballer. Die Idee, ein Team aufzubauen, andere mit zu unterstützen, erfolgreich zu werden, das waren die ersten Funken, die in ihm etwas auslösten. Auch, weil er es vom Fußballsport her gewohnt war, im Team als Leader zu fungieren, andere mitzureißen. Selbst, wenn es mal nicht so rund in einem Spiel lief. Die Parallelen waren offensichtlich und gaben ihm den Ansporn, sich selbst eine Chance zu geben. Nein, Jubelstürme für seine Entscheidung pro Network-Marketing aus seinem engeren Umfeld erntete auch ein Phil Ritter damals nicht. Ein vielen leider bekanntes Negativ-Phänomen. „So eine Ablehnung zu erfahren, das tat weh. Und ein Nein macht mir bis heute keinen Spaß. Aber ich habe gelernt, damit umzugehen, weil es zum Geschäft genauso gehört wie zum Leben. Man bekommt eben nicht für jede Entscheidung, die man trifft, von anderen Applaus. Ablehnung kann schmerzhaft sein, keine Frage, vor allem, wenn man so für diese Branche brennt und lebt wie ich. Jedoch gerade weil ich unser Business besser kenne als viele andere, weiß ich auch, dass es die seriöseste, beste, menschlichste, ehrlichste Branche ist, die es auf der Welt gibt, und das gibt mir ein so wunderbar gutes Gefühl!", freut sich einer der besten Networker unseres Planeten.

PHIL RITTER – spontan gefragt, spontan gesagt:

● **Mir ist Erfolg wichtiger als …**
„… nur Zeit zu vergeuden, denn in meiner Lebenszeit will ich entsprechend wertvolle Momente kreieren, die eben auch zu Erfolg führen!"

● **Network-Marketing ist die Zukunft, weil …**
„… die Digitalisierung weiter voranschreitet und so immer mehr Menschen mehr Verantwortung für sich im Beruf übernehmen müssen. Da bietet Network-Marketing eine optimale Möglichkeit für jeden, der es ernst mit seinen Zielen meint!"

● **Mein wichtigster Rat an alle aktiven Networker lautet:**
„Egal, was kommt, mach einfach weiter, und sei bereit, für Deine Ziele einzustehen!"

● **Mein wichtigster Rat an alle, die noch keine Networker sind, lautet:**
„Nutze die Chance, und prüfe für dich das damit verbundene Angebot. Denn du weißt nie, ob Network-Marketing nicht doch die Kraft hat, dein Leben nach deinen Wünschen zu ändern!"

BIRGIT JOHNSON

Selbstständige
Sen. Nationale Verkaufsdirektorin mit

MARY KAY COSMETICS

STARTE MIT MENSCHEN, MIT DENEN DU SCHON GESCHÄFTE MACHST

Eine Frau wie ein Vulkan. Die Mensch gewordene Zuversicht! Eine pure Inspiration für jeden, der zu neuen Ufern und Dimensionen aufbrechen will. Birgit Johnson ist dabei Vorbild und zugleich Fels in der Brandung. Denn sie ist die Verkörperung von Inspiration, gepaart mit Sicherheit. Diese Frau steckt an mit ihrer Energie, mit ihrer positiven Aura. Wohl auch, weil ihr Leitmotiv die Liebe zu Menschen ist. Eine Mission, die sie einst hin zum Beruf der Krankenschwester führte. Eben nicht nur ein Job, sondern eine echte Berufung. „Diese Arbeit kann man nur erfüllen, wenn es einem darum geht, helfen zu wollen. Da spielen Einkommen und gesellschaftliche Anerkennung keine Rolle – vor allem nicht in Deutschland!", macht sie deutlich. Eine gewaltige Portion Idealismus, die die Deutsch-Amerikanerin seit vielen Dekaden begleitet, motiviert und mit Tatendrang erfüllt. Auch später in ihrer beeindruckenden Network-Marketing-Karriere. Und das ist noch lange nicht alles. Denn man kann „machen", oder man kann „mitmachen" – und Birgit Johnson hat gemacht. Und zwar aus vollem Herzen, mit Hingabe, aber ebenso mit klugem Kopf und sehr viel Pragmatismus. Kein Warten auf den „glücklichen Zufall" und den richtigen Moment, sondern sie definiert den Weg zum Ziel und setzt ihn um. Mit entsprechender Zielstrebigkeit. Dabei vereint Birgit Johnson das Beste aus beiden Welten. In ihr wirkt der perfekte Mix aus amerikanischen und deutschen Tugenden. Man könnte auch sagen: Sie ist „The American way of WIFE" – nur halt in Deutschland ...

Erst in den Vereinigten Staaten von Amerika erlebt Birgit Johnson hautnah, was Wertschätzung bedeutet. Denn dort hat der Beruf der Krankenschwester einen ganz anderen, einen erheblich höheren Stellenwert. Insbesondere dann, wenn man so wie sie gleich mehrere Fachzusatzausbildungen erfolgreich absolviert hat. Immerhin ist „Nursing" in den USA ein Beruf, für den man studieren muss. Und so ist es auch keine Frage, dass das Einkommen auf einem ganz anderen, höheren Niveau liegt. Genau in dieser Zeit, als sie in der Heimat ihres Vaters ihr ganzes berufliches Können zum Einsatz bringt, passiert es: die erste sanfte Network-Berührung. Quasi ein ungewolltes Touchieren mit einer völlig anderen Branche. „Ich bewunderte die glatte, sanft schimmernde, wunderschön gepflegte Haut meiner Schwägerin und wollte ihr das Geheimnis entlocken!", strahlt die so sympathische, stets lächelnde Birgit Johnson. Geheimnis? Nein, das war es beileibe nicht, vielmehr handelte es sich lediglich um ein spezielles Produkt – eine Pflegeserie aus dem Hause MARY KAY COSMETICS. Einziger Haken: Die gab es nicht mal eben so zu kaufen. Und wer die kosmetischen Angebote in US-Supermärkten kennt, der weiß, dass dort meterlange Regalwände voller Produkte zur Auswahl stehen. Aber MARY-KAY-Artikel sucht man auch dort vergebens. „Ich wollte diese so sehr, dass ich in den sauren Apfel biss, die Pflegeserie bestellte und dann ungefähr jeden Monat Gastgeberin im privaten Bereich für MARY-KAY-Produkte wurde. Auch, um weitere Artikel günstiger oder gar kostenlos zu bekommen. Denn die Qualität der Kosmetik hat mich schlicht und einfach nicht nur überzeugt, sie begeisterte mich …!", erzählt Birgit Johnson. Und wie im Network-Marketing üblich wurde sie immer wieder freundlich darauf angesprochen, nebenberuflich mit einzusteigen und neben den vielen Vorteilen auch eine neue Karriere zu starten. „Immer wieder habe ich freundlich abgelehnt. Ganz ehrlich: Ich hatte eine doppelte Top-Ausbildung und liebte meinen Beruf und da sollte ich nun Lippenstifte verkaufen? Nun wirklich nicht. Das kam mir gar nicht in den Sinn, weil's meiner Ansicht nach absolut nicht passte – auch nicht zu mir als Typ!", gesteht die Herzens-Networkerin heute.

Gut ein Jahr lang änderte sich an diesem „schwebenden Zustand" als überzeugte Kundin, die sich gegen eine Mitarbeit wehrte, nichts. Bis sie Gast auf einem Event war, wo genau solche Gastgeberinnen, wie sie es war, geehrt und ausgezeichnet wurden. Der Grund ihres dortigen Erscheinens aber war weniger Neugierde auf das Unternehmen oder die Erwartung einer Auszeichnung. Vielmehr war es die Location, die Birgit Johnson so sehr reizte. „Die Veranstaltung fand im Sheraton-Hotel von Leesville im US-Bundesstaat Louisiana statt. Wow, was für eine Adresse. Das erste Haus am Platz, eine echte Top-Adresse. Ich wollte unbedingt diesen großen Ball- und Bankettsaal, der so wunderschön eingerichtet war, endlich einmal live erleben. Ja, das hat mich unglaublich gereizt. Dieser Raum war mein wahrer Beweggrund, das MARY-KAY-Event zu besuchen …!", berichtet die Power-Lady offen und ehrlich und muss dabei ein wenig über sich selbst schmunzeln.

VOM KUNDENDASEIN ZUR VERTRIEBSPARTNERIN – ES GEHT TATSÄCHLICH

Dabei rieselten gleich ein paar mehr Impressionen auf sie herab. Die

Bewunderung für das Indoor-Ambiente des Festsaals war das eine. Auf der anderen Seite erlebte sie den ganzen Spirit des Unternehmens in geballter Form. Diesen Glamour und Glitter, diese opulente Action, aber ebenso das für die Network-Branche so typische, so charakteristische Abfeiern der Partnerinnen und Partner. Und wie wirkte es auf sie? Nein, das war einfach ein Stück weit zu viel. One touch to much! „Mein Erster Eindruck? Die sind hier alle nicht von dieser Welt. Was die hier erzählen, das kann ich überhaupt nicht glauben!", berichtet die ausgebildete OP- und Intensivschwester heute und fügt hinzu: „Da kam wohl auch ein Stück weit mein eher gewohnt deutsches Denken durch. Kenn ich nicht, glaub ich nicht, gibt's nicht – Ende! Und dennoch habe ich das Glitzern in den Augen derjenigen auf der Bühne gesehen, die gerade erst bei MARY KAY und damit im Network-Business angefangen hatten. Im Gegensatz zu allem anderen merkte ich hierbei sofort, dass dieses Glitzern echt war. Diese Freude, diese pure Begeisterung für das, was sie tun, das war absolut real. Dieser besondere Eindruck blieb an mir hängen und überzeugte mich somit auch vollständig!"

Eine ranghohe Partnerin sprach Birgit Johnson erneut auf dieser Festivität an, ob sie nicht doch Lust hätte, in dieses Geschäft mit einzusteigen. Die Antwort: nein danke! Obwohl sie mehr als zu 100 Prozent von den Produkten überzeugt war und auch die Begeisterung der anderen hautnah gespürt hatte. Die Entgegnung der MARY-KAY-Partnerin jedoch war ebenso schlau wie zutreffend: „Sie lieben die Produkte und haben Freundinnen, die diese Produkte noch nicht kennen. Also bräuchten Sie die Artikel doch nur an ein paar Freundinnen geben – schon hätten Sie Ihren eigenen kleinen Vertrieb. Und so ganz nebenbei profitieren Sie zudem auch preislich davon, wenn Sie wieder Kosmetik bestellen!" Da war was dran! Worte, die wirkten. Denn die Argumente überzeugten auch eine Birgit Johnson. Die Produktliebe war da, Freundinnen hatte sie ohnehin – also stand dem Nutzen der Vorteile nichts mehr im Wege. Es war der erste, noch beinahe zaghafte Beginn einer später folgenden großartigen Karriere. Man kann auch sagen: vom Kunden zur Vertriebspartnerin – ein oft im Network-Marketing beschriebener Weg, der manchmal kürzer und ebenso effektiver ist, als viele Networker selber glauben. Birgit Johnson ist der allerbeste Beweis, dass es funktioniert.

Gut drei Jahre dümpelte das Network-Dasein der Deutsch-Amerikanerin in den USA vor sich hin. Mal für sich selber, mal für die Freundinnen etwas bestellen. Das war's auch schon. Von einem Business per se war dieser Status quo aber noch meilenweit entfernt. Doch manchmal bedarf es eines simplen Auslösers, um von „zero to hero" zu werden. Shootingstar von null auf hundert. Und bei Birgit Johnson war es „lediglich" die Rückkehr nach Deutschland, weil ihre Mutter schwer erkrankt war. Zugleich die ernüchternde Rückkehr in den Beruf als Krankenschwester auf der Intensivstation eines Krankenhauses in der Pfalz. Ernüchternd, weil Ansehen und Gehalt nicht mal die Hälfte waren im Vergleich zu den USA. „Das war schon frustrierend. Und dazu kam, dass ich einen enormen Aufwand betreiben musste, meine MARY-KAY-Produkte zu bekommen. Denn die Artikel gab es in Deutschland ebenso wenig, wie es das Unternehmen hier gab …!"

Eine deprimierende Situation, die nach einer Lösung geradezu schreit. Der Ausweg? Aktiv werden und einfach tun! Birgit Johnson, die Macherin war gefragt. Und sie machte. Zuerst eine Marktanalyse, wie es um das Network-Marketing-Business in „Old Germany" bestellt ist. Das Ergebnis: Die Zeit war reif! Was für ein Markt, was für ein offenes, noch weitestgehend unbespieltes Terrain. Aber was anfangen mit dieser Erkenntnis? Recherche war gefragt. Wie funktioniert ein Network-Markt in Deutschland? Wie könnte er generell funktionieren? Welche Chancen hat MARY KAY? Was wäre zu beachten und wie könnte es am besten funktionieren? Try and Error – oder auf gut Deutsch: Versuch macht klug? Für Birgit Johnson wurde es Tag für Tag eindeutiger: Der Markt ist da – aber MARY KAY noch nicht! Diese Marktlücke musste ihrer Ansicht nach geschlossen werden. Also schrieb sie an die Hauptzentrale in Dallas/Texas. Nicht einen, nein, gleich mehrere Briefe. Und die Texaner ließen sich nach reiflichen Überlegungen auf das „Abenteuer Deutschland" ein. Nach einiger Zeit wurde die erste europäische Niederlassung in München eröffnet. Und damit kam auch das Angebot an Birgit Johnson: Möchten Sie als selbstständige „Schönheits-Consultant" in Deutschland starten?

DIE JOHNSON-MISSION: DEUTSCHLAND MUSS PINK WERDEN

Eine Frage mit Substanz und größter Nachhaltigkeit. Denn „Boom-Boom-Birgit" zündete eine Erfolgsrakete in der Bundesrepublik. Wenngleich anfangs mit vielen Fragezeichen. Welche Preise sind die richtigen? Kommen die Artikel hier so gut an wie in den USA? Wer bildet mich vertrieblich aus? Wie gehe ich vor, um die Expansion voranzutreiben? Wie steht es um Marketing? Nur eines stand für die Network-Initiatorin von nun an fest: Deutschland muss pink werden! Pink, die Labelfarbe von MARY KAY.

Birgit Johnson hatte es geschafft, und dennoch war es nur ein Etappensieg. Denn Fakt war ebenso: Es gab keine wirkliche vertriebliche Unterstützung, keine Werbemittel – zum damaligen Zeitpunkt auch kein Internet, Computer oder gar Handy bzw. Smartphone. Wie also baut eine examinierte Krankenschwester mit einem Faible für ein bestimmtes Kosmetikprodukt fast im Alleingang ein Unternehmen im Direktvertrieb aus dem Nichts auf? Am besten so wie Birgit Johnson – mit Energie, mit Überzeugung, mit Wille, Mut, Ideenreichtum und vor allem mit ganz viel Schaffenskraft und Improvisation. Ihre Hauptaufgabe in Bezug auf den Vertriebsaufbau: Menschen von etwas zu überzeugen, was es de facto noch gar nicht gab, weil ja nichts von MARY KAY COSMETICS greifbar vorhanden war. „Die Zentrale in Dallas schickte ein paar Mitarbeiter für die allerersten Schritte nach München. Produkte und Logistik wurden in kleinen Schritten initiiert – dabei liegt die Betonung auf „kleinen Schritten" … Dazu gab es ein kleines, dünnes Heftchen als Leitfaden, wie man „Selbstständige Consultant" werden kann. Das war's! „Ich wusste nur eins: Ich bin überzeugt, dann überzeuge ich eben auch andere! Das sagte ich zu mir selbst und definierte so meine eigene Mission. Und diesen Auftrag nahm ich so ernst, dass ich gleich zur ersten Geschäftspräsentation fünf andere Damen aus meinem Umfeld mitbegeistern konnte und sie mich begleiteten. Aber nicht ohne ihnen vorher bei mir privat zu Hause die Wirkung und Qualität der Produkte zu präsentieren, indem ich sie meine Kosmetikartikel testen ließ. Das Problem aber war, alle fünf hatten einen vollkommen anderen Hauttyp und zudem noch einen wesentlich helleren Hautton, als ich ihn habe. Und somit passten meine persönlichen Produkte ganz und gar nicht. Aber ich hatte damals schon etwas Wichtiges gelernt. Einen Slogan, der mich bis heute begleitet und den ich immer wieder gern mit anderen teile: ‚Du wirst immer alles richtig machen, solange deine Einstellung stimmt!' Und insofern war es fast egal, ob die Produkte passten oder nicht, denn meine Überzeugung und meine Begeisterung haben gestimmt. Das genügte voll und ganz!", erklärt die Vertriebs-Gründerin mit Inbrunst. Zusammen ging man auf das Event. Mit dem Resultat, dass vier Damen davon sofort „Schönheits-Consultant" wurden und die fünfte zwei Tage später auch nachzog. Volltreffer! Zugleich der Start einer großartigen Erfolgsgeschichte. Aber: Wie startet man ein neues Network-Marketing-Vertriebsnetz aus dem Nichts in Deutschland? Damals am besten per Flyer. Und genau diese ließen die fünf Damen drucken, um sie von Kindern aus der jeweiligen Nachbarschaft brav verteilen zu lassen. Als Lohn warteten Kaugummis und Eiscreme – für Kids wohl immer eine perfekte Entlohnung. „Nachdem wir 5.000 Flyer verteilt hatten, haben sich tatsächlich drei Kandidatinnen gemeldet. Oha, Erfolg sieht anders aus!", resümiert Birgit Johnson leicht sarkastisch. Und diese drei waren zudem auch noch drei Amerikanerinnen, die MARY KAY ohnehin schon kannten. Somit: Lektion gelernt – auf diesem Weg konnte es nicht wirklich klappen. Neues Denken war gefordert. Birgit Johnson dachte neu und entwickelte ihr bis heute gültiges Credo: „Beginne mit Menschen, mit denen du schon ohnehin Geschäfte machst oder gemacht hast!"

Bei ihr waren es sieben Damen – ihre Bäckersfrau, ihre Metzgersfrau, ihre Frau vom Kiosk, die Frau aus dem Fotostudio (*damals ließ man Filme nämlich noch entwickeln, Anm. d. Red.*), eine Frau mit Network-Erfahrung, zudem die Frau des Getränkehändlers und zu guter Letzt ihre Bankberaterin. Die glorreichen Sieben! „Diese sieben Frauen habe ich angesprochen, habe mich bei ihnen für ihren langjährigen Service bedankt und habe ihnen ein Geschenk angeboten – nämlich eine Verwöhnstunde nur für sie. Das war es schon! Und mit diesen sieben Frauen habe ich alles aufgebaut …!" Es war der Anfang ihres persönlichen Vertriebsnetzes mit Stand heute über 26.000 Partnerinnen und Partnern. Eine Zahl, die lediglich die Downline-Größe von Birgit Johnson beschreibt. „Die wirkliche Power des Network-Marketings und die einmalige Multiplikationskraft, die dahintersteckt, habe ich entdeckt, als ich meine erste Position als selbstständige Direktorin erreichte. Bei meiner Ehrung auf der Feier habe ich meine sieben Damen mit auf die

Bühne geholt und habe gebeten, dass einmal diejenigen aufstehen, die diese sieben Frauen kennen. Es standen einige auf. Dann forderte ich alle auf aufzustehen, die diejenigen kennen, die eben gerade aufgestanden waren. Und da erhob sich der gesamte Saal! Ein unvergesslicher Moment und zugleich mein Beweis, dass alles nur von diesen sieben Damen initiiert war – alles, was ich heute bin!"

NETWORK-MARKETING HAT FÜR JEDEN ZEITGEIST DIE BESTEN ARGUMENTE

Ein kluger Schachzug, ebenso klug wie ihre daraus geschlussfolgerte Erkenntnis, die ihr Motto ist: „Hilf genügend anderen Menschen zu erreichen, was sie wollen, und du erreichst automatisch, was du willst!" Nicht minder geistreich ihre Bewertung des Systems Network-Marketing in Bezug auf den Zeitgeist. Denn Birgit Johnson ist sich sicher, dass diese Branche so anpassungsfähig ist, ohne dabei mutieren zu müssen, dass sie in jeder Zeit ihre Berechtigung haben wird. Somit wird sie daher künftig ebenso eine immer größere Rolle in der Arbeitswelt spielen. „Jede Zeit hatte ihre Argumente für Network-Marketing. Erst war es eine Möglichkeit für Frauen, nebenberuflich etwas Geld dazuverdienen zu können, ohne das Haus verlassen zu müssen. In den Achtziger- und Neunzigerjahren ging es in der Akzentuierung stärker darum, die Leistung des Einzelnen primär in den Vordergrund zu stellen – ob mit Brillanten oder wie bei MARY KAY mit einem pinkfarbenen Mercedes. Es ging um die sichtbare Anerkennung. Heute spielen die bedingungslose Flexibilität und Freiheit eine enorm große Rolle. Dies in Hinsicht auf Einkommen, Zeit, Ort und Auswahl der Partnerinnen und Partner. Das ist wohl der größte Unterschied und Vorteil zur herkömmlichen Arbeitswelt. Das sind Fakten, die immer wichtiger werden und somit prägend für die Zukunft. Network-Marketing ist daher die Antwort auf viele Probleme und wird eine großartige Zukunft haben!", prophezeit die so erfolgreiche Networkerin, die nach 35 Jahren Erfolgskarriere nicht nur alles erreicht hat, was erreichbar ist, sondern die vor allem eins ist: ein leuchtendes Beispiel für alle und ein Network-Idol für alle Zeiten. Nur ein Denkmal wird man ihr nicht setzen. Das nämlich hat eine Birgit Johnson mit ihrer Leistung, aber vor allem mit ihrer Art des Seins in beeindruckender, inspirierender Weise schon selber getan. So gut, wie es besser nicht geht!

BIRGIT JOHNSON – spontan gefragt, spontan gesagt:

● **Mir ist Erfolg wichtiger als …**
„… Misserfolg …!"

● **Network-Marketing ist die Zukunft, weil …**
„… es hier nur um den Menschen und seine individuellen Bedürfnisse geht!"

● **Mein wichtigster Rat an alle aktiven Networker lautet:**
„Gib niemals auf …!"

● **Mein wichtigster Rat an alle, die noch keine Networker sind, lautet:**
„Nutze die Chance, wenn sie dir geboten wird …!"

MO ENGELBRECHT & SASCHA SORIAT

RINGANA

ZWEI IN SICH RUHENDE „NATURTALENTE" – ABER MIT DYNAMISCHER GELASSENHEIT

Ist es ein reales oder eher utopisches Ziel, die Welt einfach nur ein kleines bisschen besser machen zu wollen? Das eigene Schicksal akzeptieren, Umstände erkennen, Gegebenheiten annehmen, alles zusammen positiv bewerten und dabei die Natur mit ihrer Kraft, mit ihrer Faszination und Schönheit aufzusaugen und wirken zu lassen? Und dabei zusätzlich auf die innere Stimme, auf die Seele zu hören und gleichsam zu vertrauen? Mo Engelbrecht und Sascha Soriat sind die besten Beweise dafür, dass Wunsch und Wirklichkeit ebenso Ansporn und zielorientiertes Wirken sein können. Das Gute erkennen und fördern – in sich, in anderen und ebenso im Business. Was für ein harmonischer Dreiklang. Und dies ohne esoterische Attitüden, sondern aus einem starken, einem gefestigten und einem innerlich überzeugten Bewusstsein heraus. Wer das erfolgreiche Network-Duo erlebt, spürt förmlich, was für Talente in ihnen schlummern und wie sie diese sowohl frei- als auch einsetzen. Für das Bessere, das schon immer des Guten Feind war. Talente, die mehr sind als nur bloße Eigenschaften. Aus ihnen hat sich bei den beiden ein natürlicher Spirit, eine nicht alltägliche Geisteshaltung geformt. Sie sind mit sich und der Natur, mit ihrem Tun und ihrer zugleich wirksamen Aura im Einklang. Da ist es nur beinahe logisch konsequent, wenn sie gemeinsam eine Bewegung forcieren, ein echtes Movement, das sie auch etabliert haben: die Plattform

„Naturtalente". Zum einen eine Art RINGANA-Zirkel, der die anspruchsvollen Werte ihres Partnerunternehmens aufgesogen hat wie ein Schwamm, aber ebenso von ihnen mit noch mehr Leben und Taten erfüllt wird. Und dabei gehen die beiden Synergien ein, wodurch auch andere an der Erfahrung und Kompetenz partizipieren können. Für Mo Engelbrecht und Sascha Soriat ist das eine Art „frohe Botschaft" im Network-Marketing-Business, getrost dem Motto: „Tue Gutes, und Gutes kommt zu dir zurück." Gutes – in Bezug auf die Natur, auf die Natürlichkeit, auf die Umwelt, auf die Mitmenschen, auf die Lebensweise, auf die Geisteshaltung, auf die Perspektiven und ebenso auf das Geschäft samt individueller Persönlichkeitsentwicklung. Die beiden haben sich irgendwie unbewusst gesucht und umso bewusster gefunden. Vielleicht auch, weil sie ein Quell an „Naturtalenten" sind, und dies in vielseitiger Hinsicht ...

Was der eine schon länger innerlich gespürt hat, musste die andere durch die härtere Schule des Lebens erfahren und erkennen. So startete Sascha Soriat vom schönen oberösterreichischen Salzkammergut aus seine berufliche Laufbahn im klassischen Außendienst. Und das auf selbstständigen Füßen unter dem Aspekt der leistungsorientierten Provisionszahlung im Erfolgsfall. Die Hast nach Umsatz, Neukunden und Aufträgen war sein täglich Brot. Der Reiz dabei: den Erfolg hautnah spüren und erleben. Abschluss, Unterschrift, Auftrag – fertig. Geld verdient und weiter geht's. Dazu ein Team führen, anführen durch Vorführen, motivieren und stets neue Erfolge erringen. Zum Wohl des Unternehmens und in gewissem Maß auch für das eigene Portemonnaie. Ein Job Marke „hart aber herzlich", denn Sascha Soriat weiß um seine Verantwortung für sich und sein Team. Etwas, was für ihn zu guter Letzt auch das berühmte Salz in der Suppe ist. „Für den eigenen Erfolg verantwortlich zu sein, erzeugt in einem ein ganz anderes, ein wertvolleres Selbstverständnis für das eigene Tun. Dass ich damit aber schon einen Grundstein für meine Karriere im Network-Marketing-Business gelegt hatte, das war mir anfangs natürlich nicht gleich bewusst. Keine Frage, dass man sich die Fähigkeiten und Fertigkeiten in unserem Geschäft über die Zeit hin aneignet. Aber ich hatte eben das Glück, von vornherein eine Menge notwendiger Skills mitzubringen. Daher sage ich ja auch immer: Vertrieb ist die Schwester von Network-Marketing. Ist doch klar – ein Tennisspieler wird sich beim Tischtennis auch leichter tun als jemand, der noch nie einen Ball in der Hand hatte!", erläutert der sympathische Österreicher. Kern ist für ihn die Fähigkeit, andere Menschen für etwas zu begeistern, woran man selber glaubt. „Wer das beherrscht, der ist auf der Lebensbühne ein echter Performer. Jemand, der damit eines erreicht, nämlich anderen eine Mission aufzutragen, die sie mit innerer Überzeugung vollbringen. Es gibt doch nichts Schöneres, als aus dem Herzen heraus überzeugt zu sein und dafür einzutreten. Bei der Philosophie von RINGANA ist das aber auch nicht wirklich schwer ...!", zwinkert Sascha Soriat und ergänzt: „Für etwas eigenverantwortlich zu sein, Vertrieb zu machen und Teams zu führen – das konnte ich, und das ist genau das, was im Network-Marketing essenziell wichtig ist. Das muss man können und wollen. Nur, dass ich fortan meine eigene Firma in der Firma aufbauen konnte. Ja wie genial ist das denn? Insofern habe ich innerlich jubiliert, als ich RINGANA und das Network-System kennenlernte. Das war wie ein Sechser im Lotto mit Zusatzzahl. Weil ich wusste, dass ich all meine Fähigkeiten hier zu

100 Prozent einbringen kann. Mir war klar, dass alles andere von alleine kommt. Deshalb habe ich mir auch nicht die Frage gestellt, ob es funktioniert, sondern mir ging es vielmehr darum, den Erfolg sicherzustellen und mir die Frage zu beantworten, wie komme ich am schnellsten ans Ziel? Auf mich wartete vom ersten Moment an ein geniales, spannendes Abenteuer …!"

Für Mo Engelbrecht war es weniger ein Abenteuer als eine Erfahrung mit tiefgreifender Erkenntnis, die sie zum Network-Marketing brachte. Die charmante Sächsin ist gelernte Physiotherapeutin, eine Frau, die also weiß, wie man zupackt. Doch Tatkraft und eine berufliche Überzeugung bedeuten noch lange nicht, dass es ein Auskommen mit dem Einkommen gibt. Nicht mehr heutzutage. Und so standen Monat für Monat weniger als 1.000 Euro netto auf ihrer Lohnabrechnung. So viel zum Thema Zeit gegen Geld im Angestelltendasein tauschen. Oftmals ein Minusgeschäft. Die Rechnung ging auch bei ihr oft nicht auf. Der Ausweg: Tschüss Arbeitgeber, hallo Selbstständigkeit! In der liberaleren Freiberuflichkeit sahen die Einkommensmöglichkeiten zumindest schon anders aus. Nein, es winkte kein Reichtum, aber bei entsprechendem Einsatz und vollen Terminbüchern ein einträglicher und leistungsgerechterer Verdienst. Mit dem Umzug von Zwickau nach Dresden,

das aufgrund seiner barocken Schönheit nicht umsonst „Elbflorenz" genannt wird, wehte plötzlich der erste Hauch von Network-Marketing durch ihr Leben. „Ich arbeitete dort in einem Fitness-Franchise-Unternehmen, das sich auf Mütter nach der Geburt als Kundinnen spezialisiert hatte. Dort betreute ich die Franchise-Nehmerinnen zudem darin, ihr eigenes Business aufzubauen, was dem Network-Marketing-Geschäft schon recht nahekam!", erzählt die sächsische Networkerin mit der „professionellen Knet-Vergangenheit". Professionell und hingebungsvoll bewältigte Mo Engelbrecht ihre berufliche Herausforderung. So sehr, dass sie beim ersten Kontakt mit RINGANA und dem Network-Business nicht wirklich offen und zugänglich war. Klingt widersprüchlich, ist es auch – aber bei aller Unzufriedenheit über ihre Einkommenssituation war die Physiotherapeutin dennoch in gewissem Maß innerlich zufrieden mit ihrem Job. Immerhin so sehr, dass sie trotz ihres Hamsterrad-Daseins gar nicht registrierte, dass es noch mehr, noch bessere, alternative Verdienst- und Berufsmöglichkeiten gibt. Erst ein schmerzhaftes Schlüsselerlebnis öffnete ihre Augen. „Ein einwöchiger Krankenhausaufenthalt offenbarte mir meine ganze Misere. Als selbstständige Physio-Trainerin verdient man eben nur Geld, wenn man aktiv an der Massagebank steht oder im Fitnessstudio Trainings gibt. Schlecht möglich, wenn man wie ich ans Krankenhausbett gefesselt ist. Insofern war die Woche im Krankenhaus auch finanziell schmerzhaft. Und als Mutter eines kleinen Sohns wurde mir damals noch etwas bewusst: Wie sollte ich richtig für ihn da sein, wenn ich doch nur des lieben Geldes wegen unentwegt unterwegs sein muss? Oder aber ich verdiene so viel, dass ich – auch für Krankheitsfälle – ausreichend Mittel auf der hohen Kante habe. Schön gedacht, schwer gemacht.

Denn gerade beim letzten Gedanken wurde mir bewusst, dass ich strampeln könnte, wie ich nur wollte, aber das Ziel dennoch nicht erreichen würde!", bekennt die heute vor allem in Ostdeutschland extrem erfolgreiche RINGANA-Partnerin.

FRAUEN SIND PRÄDESTINIERT FÜR NETWORK-MARKETING

Die Faktoren Zeit, Geld, Freizeit und Freiheit – alles in Summe wertvolle Trigger, die unterm Strich die Lösung aufzeigen: Network-Marketing. „Ich wollte mit meinem Sohn auch mal ein paar Wochen zusammen Ferien machen, unbeschwert, ohne mir Sorgen um die Einkünfte machen zu müssen. Außerdem ist es ja nicht der Sinn, Mutter zu sein, um vor lauter Arbeit keine Zeit für die Kinder zu haben …!", offenbart sich Mo Engelbrecht. Aber sie kennt die Lösung für dieses Dilemma. Wenige Wochen, nachdem sie sich bei RINGANA als Vertriebspartnerin eingeschrieben hat, besucht sie eine große Convention – und da macht's final klick bei ihr. Vor allem die dortigen Mütter sind es, die sie überzeugen. Frauen, die Mos Situation kennen und die daraus einen Vorteil gezogen haben. Denn Dank des Network-Marketing-Systems haben sie die Freiheit, die Selbstständigkeit, die Freizeit und die Liberalität, um für ihre Kinder, für ihre Familie und zu guter Letzt auch für sich selbst da zu sein. Und dies, ohne an einen Standort gebunden zu sein. Perfekt! Und zugleich der Start einer persönlichen Initiative: „Ich wollte in Ostdeutschland durchstarten und möglichst vielen Frauen diese Form von Freiheit und Unabhängigkeit ermöglichen. Das war meine Mission!", erklärt die motivierte Sächsin. Gesagt, getan – heute ist Mo Engelbrecht nach nur wenigen Jahren eine der erfolgreichsten RINGANA-Networkerinnen in den neuen Bundesländern – „The charming Beauty-Beast of the East"!

Sie ist durch ihren Weg der Selbsterkenntnis stark geprägt worden. Gut so! Denn so hat sie ihre eigenen Intentionen zum Maßstab erkoren. Darum ist es auch kein Wunder, dass in ihrer Downline Frauen absolut in der Überzahl sind und Männer nur einen kleinen Teil des Teams ausmachen. Mo Engelbrecht erfüllt halt ihre Mission. Denn sie weiß, wie viele Frauen die gleichen Zwickmühlen und finanziellen Engpässe haben und was daraus für ein Dilemma resultieren kann. „Es macht mich so glücklich, wenn ich sehe, in wie vielen Familien sich das Leben hin zum Positiven gewendet hat, dank Network-Marketing und deshalb, weil ich mit dem System und gemeinsam mit unserem Partnerunternehmen einen Ausweg für diese Frauen im Angebot habe. Das ist ein wahrer Segen!", erklärt die Vertriebspartnerin geradezu selig.

Eine Tatsache, die beweist, dass Reichtum auf verschiedenen Ebenen existiert, der eben mehr ist, als „nur" Karriere und viel Geld zu verdienen. Mo Engelbrecht und Sascha Soriat haben vielmehr eine Motivation gefunden, die bei RINGANA in einer naturverbundenen, lokalen und humanen Philosophie begründet ist. Insofern sind sich beide einig, dass ihr geschäftlicher Erfolg sehr eng mit ihrer inneren Überzeugung verknüpft ist. Das heißt im Umkehrschluss: Bei allen vorhandenen Fähigkeiten und charakterlichen Tugenden ist der bisher erarbeitete Erfolg eben nicht austauschbar. Andere Company, gleiche Karriere? Nein, genau das nicht, denn die deckungsgleiche Überzeugung zum Produkt und zum Tun ist für das Power-Paar eine Grundvoraussetzung. „Es ist eine Frage von Idealismus und nicht von plumpem Tschakka-Tschakka. Denn das eine ist eine stets vorhandene, verlässliche Motivation, und das andere verpufft in Windeseile und verliert sich im Nichts!", erklärt der innerlich angetriebene Überzeugungs-Networker Sascha Soriat. Es geht dabei um die Sinnhaftigkeit, eben nicht nur einen Erfolg für sich selber einzufahren, sondern ebenso nachhaltig Wertvolles für die Allgemeinheit zu erschaffen. Das große Ganze im Auge behalten, das ist es, was das Vertriebs-Tandem, das aber jeweils autark mit komplett separaten Nummern und eigenen Organisationen bzw. Teams arbeitet, gemeinschaftlich antreibt.

Auch ein entscheidender Grund für die „Naturtalente", ein Movement mit gleichnamiger Homepage, das Mo Engelbrecht und Sascha Soriat ins Leben gerufen haben. Eine Plattform, um inneres, natürliches Potenzial freizuschaufeln und offenzulegen. Insbesondere, um es letztendlich entsprechend einzusetzen, anzuwenden und nachhaltigen Erfolg zu generieren.

Der wiederum ist eine logische Konsequenz, wenn man sinnvolle Dinge tut – als Sinnwesen, das, was ein Mensch nun einmal ist. Leben ist für die beiden erfolgreichen Networker eben mehr, als nur Erfolg zu haben, sondern auch eine Verpflichtung, mit diesem Erfolg etwas Sinniges anzustellen. Gerade in Zeiten, wo sich gesellschaftspolitisch vieles verändert. Wo neue Themenwelten Einzug in den Alltag halten, neue Gedanken aufkeimen, neue Verantwortlichkeiten definiert werden und neue Ansichten aufs thematische Diskussions-Tableau kommen.

WERTE LEBEN UND VORLEBEN
ALS BEWEIS DES INNEREN SPIRITS

„Die ‚Naturtalente' sind unser Bindeglied zwischen unseren beiden separaten Teams von Mo und mir. Wo wir aber anderen zugleich das Angebot zum unabhängigen Miteinander machen, um gemeinsame Synergien sinnvoll zu nutzen, damit wir unser Business und unsere Mission noch wirkungsvoller vorantreiben. Zusammen erreicht man eben mehr als allein. Dieses Wissen macht viel aus, erzeugt unglaubliche Kräfte und eine wirklich dynamische Motivation, die wiederum allen zugute kommt!", macht Sascha Soriat deutlich.

Werte, Qualität, Nachhaltigkeit – das sind Bullets, auf die das Network-Paar setzt. Aspekte, die sie antreiben und vorleben und die für sie Grundlage von Erfolg sind – insbesondere von ethisch vertretbarem Erfolg. Für beide zugleich eine Frage des Respekts sich selbst und anderen gegenüber. Zugleich das Geheimnis des Erfolgs? Auch, aber nicht nur. „Wir sind unserer Linie und unserem Commitment stets treu geblieben. Diese Beharrlichkeit hat sicherlich ein Stück weit unseren Erfolg über die Jahre geprägt. Dass ich heute in der höchsten Stufe 10 bin, spricht für meine These. Nicht umsonst sage ich anderen im Team immer gern, dass sie selber schon lange ‚Ziel-Zehner' sind, allerdings ‚Ziel-Zehner im Prozess'. Es ist ihre Aufgabe, sich auf dem Weg nach oben hin weiter und permanent zu entwickeln. Das Wichtigste dabei ist, diese Schritte in der Eigenentwicklung auch wirklich zuzulassen!", macht Sascha Soriat deutlich.

Für die beiden geht es im Bereich der Entwicklung primär darum, sich selbst zu erkennen, ja, sich selber überhaupt erst kennenzulernen und zu akzeptieren, welches Potenzial in jedem von einem schlummert. Dabei bewirkt die aktive Veränderung der eigenen Persönlichkeit im Grunde nichts anderes, als dass man zunehmend man selber wird. Es ist eine psychologische Form der Metamorphose, die einem letztendlich überhaupt ermöglicht, die beste Form seines eigenen Ichs zu werden. Und das wiederum bringt einen Menschen selbst verstärkt in die eigene Kraft. Das genau ist der eigentliche Benefit, den jeder im System Network-Marketing erfährt und der es einem erst ermöglicht, wahren Erfolg zu generieren und zu erleben. Mit dieser Veränderung in einem selbst werden Kräfte geweckt, die zuvor scheinbar Unmögliches nun aber möglich machen. Das begründet den Erfolg, macht ihn für die beiden erklärbar. „Sei dir bewusst über dein Bewusstsein, und erkenne dich selber" – quasi eine Art Selbstheilungskraft für mehr spürbaren Erfolg. Das wiederum ermöglicht die Geduld mit einem selbst, auch in Momenten, wo es mal nicht so läuft, wie man es sich vorgestellt hat. Und dennoch wird man dann akzeptieren, dass es in diesem Moment seinen Sinn hat, dass etwas so ist, wie es ist. Wer das erkennt, der hat Selbstbewusstsein, ein großes Maß an innerem Frieden und noch mehr Freiheit. Denn alles braucht seine Zeit, auch Erfolg – das ist naturgegeben – und diese Zeit muss man sich selber zugestehen. Auch eine Pflanze wächst nicht von jetzt auf gleich, warum also wollen Menschen immer alles ad hoc und sofort?

Es ist vielleicht ihr Geheimnis, dass die beiden Spitzen-Networker all das, was sie aus diversen Quellen geschenkt bekommen und zurückerhalten, lediglich offener empfangen. Weil sie dazu bereit sind und sich dessen bewusst sind. Und weil das so ist, können sie es auch effektiver und effizienter anwenden – wiederum für sich, für das große Ganze und für den allgemeinen Erfolg. „Wir verschenken uns mit Leidenschaft in anderen Menschen. Geben ihnen mit Hingabe auf diversen Ebenen alles mit, was wir zu geben haben – ohne Limit. Und das heißt auch, weit über die Grenzen unserer Teams hinaus. Dazu sind wir in der Lage, weil wir vorher mit aller Akribie unsere Hausaufgaben erledigt haben!", verdeutlicht Mo Engelbrecht die Frage des Erfolgs. Tun, was getan werden muss – und das als selbst implantierter Automatismus. Quasi Network im Affekt, so normal wie das tägliche Zähneputzen. Das ist echt, das ist wahr und das ist der wahre Lohn!

Apropos normal – sich mit anderen Teams austauschen, gemeinsam am Erfolg der anderen arbeiten, all das ist im Network „normal". Ist vielleicht sogar ein Stück weit Grundlage und Fundament des Systems – ähnlich wie Diversität, Gleichberechtigung, Chancengleichheit und Transparenz. Mit den „Naturtalenten" gehen aber Mo

Engelbrecht und Sascha Soriat noch einen bemerkenswerten Schritt weiter. Eine Plattform, die eine Bewegung ist. Ein Forum wird zum Movement. Ein Leitgedanke, der einen Kern trifft. Talente hat jeder – das ist naturgegeben. Was also kann treffender sein, als „Naturtalente" zu finden und zu fördern? Eben weil die beiden selber wahrhaftige „Naturtalente", in dem, was sie machen und wie sie leben, sind. Es ist der Spirit der beiden, des Systems und der Partner-Company der hier lebt, der hier greifbar ist und der hier wirkt. Tiefer, als es das bloße Inside-Business ist, nämlich mit einer bewusst handelnden Community voller gelebter Werte. Mo Engelbrecht und Sascha Soriat vereinen in dieser faszinierenden Welt alles zusammen mit dynamischer Gelassenheit. Ein Anachronismus, der sich aus ihren von der Natur geschenkten Talenten definiert.

**MO ENGELBRECHT & SASCHA SORIAT –
spontan gefragt, spontan gesagt:**

● **Uns ist Erfolg wichtiger als …**
„… nichts, weil alles miteinander verbunden ist. Einzige Ausnahme – Erfolg ist wichtiger als Angst vorm Erfolg, weil diese wiederum Vergeudung von Lebenszeit und -energie bedeutet. Denn bedenke: Du hast nur ein einziges Leben, das gerade jetzt und hier stattfindet. Worauf also willst Du warten?"

● **Network-Marketing ist die Zukunft, weil …**
„… es sich immer an alle individuellen Lebenssituationen anpasst

und mitwächst. Und weil die Werte dort abgebildet werden, wo sich auch der Zeitgeist hin entwickelt ...!"

● **Unser wichtigster Rat an alle aktiven Networker lautet:**
„Sei du selbst und zieh die Menschen an, die mit dir im gleichen Rhythmus schwingen. Wenn du dann noch immer so konsequent durchhältst, bis sich stets der nächste Erfolg einstellt, dann wirst auch du spüren, dass Network-Marketing alternativlos ist ...!"

● **Unser wichtigster Rat an alle, die noch keine Networker sind, lautet:**
„Such die Company für dich aus, die mit deiner Ethik und deiner eigenen Lebensphilosophie deckungsgleich einhergeht, damit du zu 100 Prozent hinter allem stehst. Denn das ist dann dein Ticket in deine persönliche Freiheit ...!"

MARCO WIRTH

JEUNESSE unityglobal

EINFACH MAL DIE KRAFT EINER GUTEN STORY WIRKEN LASSEN

K räfte gibt es viele und alle wirken sie auf unterschiedlichste Weise. Die eine geht unter die Haut, die nächste mitten ins Herz. Aber eine der wichtigsten ist das Lachen. Es steckt an, verzaubert einen, macht einen geradezu wehrlos gegen gute Laune. Nicht umsonst heißt es: Lachen ist die beste Medizin. Wer Marco Wirth trifft, dem wird sein Lächeln nicht entgehen. Es ist markant, prägnant und bleibt hängen. Ein Strahlemann, der irgendwie auf geradezu mystische Art pure Sympathie verkörpert. Dieser Mann sendet Signale aus, die man empfängt – ob man will oder nicht. Man ist ihm beinahe ausgeliefert wie die Fliege in der Honigfalle. Masche? Nein, Naturell! Marco Wirth ist eben, wie er ist – freundlich, offen, ausgestattet mit Umgangsformen, lebenslustig und einfach nett. Dass ihm diese sympathische Eigenart einmal mehr als hilfreich sein kann, ihn sogar geschäftlich nicht unerheblich unterstützt, das hätte er sich damals auch nicht träumen lassen. Damals, als er noch mitten in der Autobranche tätig war. Weil er für Autos und Motoren schwärmt, einen Faible für PS und Power hat. Warum auch nicht? Eigentlich mehr schon eine Grundvoraussetzung, wenn man wie er jahrelang Geschäftsführer eines Unternehmens der Automobilbranche ist. Was will man mehr? Stehen da nicht die Zeichen auf Zufriedenheit? Passables Einkommen, mit dem man auch sein Auskommen haben kann. Ein eher sicherer Job, dazu umgeben von der eigenen Leidenschaft des Hobbys? Keine Frage, Marco Wirth weiß und wusste, was er hatte und wo er stand. Somit aber war diesem Münchner Sunnyboy ebenso bewusst, was er halt nicht hatte und wo er stattdessen hinwollte. Das Ziel: mehr Zeit! Und damit im Einklang die Sehnsucht nach weniger Grenzen, keinen Vorgaben, keinen Schranken, keinem Stopp auf Befehl ... persönliche Freiheit? Aber wenn der Wunsch Vater des Gedankens ist, bleibt die Realisierung oftmals auf der Strecke. Schon allein mangels Möglichkeiten. „Mir war bewusst, dass eine Veränderung innerhalb meiner Branche mich sicher nicht glücklicher gemacht hätte. Warum? Weil sich die Rahmenbedingungen nicht geändert hätten. Allerhöchstens dahingehend, dass ich weniger als vorher verdient hätte. Ich konnte es drehen und wenden, wie ich wollte, sah aber einfach keine wirkliche Alternative!", erzählt der passionierte Golfspieler, der es liebt, am Abschlag mit dem richtigen Eisen die weiße Kugel zum Fliegen zu bringen – hoch und weit. So wie er heute auf einer Welle des Erfolgs fliegt, ebenso hoch und weit, immer weiter zum noch größeren Erfolg. Geschafft hat er dies einzig und allein, weil er doch noch das gefunden hat, wonach er immer suchte. Seine Lösung und Erfüllung heißt seit Sommer 2018 Network-Marketing, eine Branche, die ihm all das bietet, was er zuvor so lange sehnsüchtig vermisst hat.

AUS SEINER ANFÄNGLICHEN ABLEHNUNG WURDE BRENNENDE LEIDENSCHAFT

Dabei hätte er seine Träume schon viel früher wahr werden lassen können. Hätte ... dieses Wort steht schon per se in seiner Form für „zerplatzte Wünsche und Hoffnungen". Denn die Network-Branche war beileibe keine Neuheit für ihn. Schon Jahre vor seinem Start war Marco Wirth mit diesem „etwas anderen System" in Berührung gekommen. Genauer gesagt vor 29 Jahren! Müßig, darüber nachzudenken, was gewesen wäre, wenn ... War aber nicht und vielleicht hatte es auch sein Gutes. Denn heute ist Marco Wirth dafür umso leidenschaftlicher und brennt für diese Branche. Na ja, ein bisschen ärgern tut er sich aber dennoch, nicht ganz zu unrecht ...

Damals, als er auf einer Veranstaltung eines großen Network-Unternehmens saß, sich das Ganze voller Vorbehalte anhörte und fest an alten Glaubenssätzen anderer Menschen verhaftet war. Er glaubte nicht, weil er nicht glauben wollte – so einfach ist die Erklärung. Und der Ex-Geschäftsführer legte noch einen drauf: Er spielte den Miesmacher! Kein Argument zählte, jeder Vorteil, und war er noch so offensichtlich, prallte mit Vorsatz an ihm ab. Network-Marketing? Nein danke, das kann und konnte von seinem damaligen Blickwinkel und aus seiner Wahrnehmung heraus nicht funktionieren. Es konnte nicht sein, was für ihn nicht sein durfte.

Wie schade, war er doch schon immer gern dabei und gut darin, andere Menschen miteinander zu vernetzen. Eben weil er ein großes Netzwerk besaß und dies auch intensiv pflegte. Und wir erinnern uns? Wie heißt die Branche? Richtig, Network-Marketing. Das erste Wort ist sehr entscheidend. Ein „Netzwerk" zu haben, ist eigentlich Grundvoraussetzung, die viele, die in diesem aufregenden Business starten, aber gerade nicht erfüllen. Marco Wirth jedoch hatte exakt dieses Ass im Ärmel und diesen Trumpf in der Hand. „Irgendwie kurios, denn ich habe so oft andere zusammengebracht, auch weil man mich anrief und um Hilfe bat. Wenn ich heute bedenke, wie viele Menschen an mir und meinen Kontakten schon partizipiert haben, wie viele durch meine Connections richtig gutes Geld verdient haben, dann freut mich das. Aber auf der anderen Seite ärgert es mich auch, weil ich selber niemals davon etwas hatte. Für mich gab es keinen Cent und nur hier und da mal einen feuchten Händedruck oder einen Schulterklopfer. Mehr nicht! Irgendwie ärgerlich. Letzten Endes habe ich oftmals andere eher weiterempfohlen und positiv über andere gesprochen als über mich. Nur habe ich selber nie etwas davon gehabt. Das alles hat sich mit und durch Network-Marketing zu 100 Prozent radikal und komplett geändert. Denn auf einmal stand mir ein unglaubliches Tool zur Verfügung, wo es genau um das geht, was ich ohnehin schon jahrelang gemacht habe. Netzwerken, Menschen verbinden, Kontakte aufbauen und pflegen – nur mit einem wesentlichen Unterschied: Diesmal zahlten sich diese Aktivitäten tatsächlich aus. Einfach gesagt: Ich war mittendrin im Business, ohne etwas selber geändert zu haben!"

Klingelte früher das Telefon, war sich Marco Wirth schon fast sicher, dass mal wieder jemand von ihm einen Gefallen erbetteln wollte oder plante, sein Herz auszuschütten. Für ihn war das ein negativer Zeitaufwand. Die Minuten vergingen, aber auf dem Konto tat sich nichts. Positives Feedback? Fehlanzeige! Niemand kam einmal auf die Idee, sich

beispielsweise für einen Kontakt zu bedanken oder für ein daraus resultierendes Geschäft. Vom Kickback ganz zu schweigen. „Plötzlich änderte sich alles. Mit einem Schlag. Und das in einem Business, das ich vorher so vehement abgelehnt hatte …!", gesteht der Networker, der bei JEUNESSE kurz davor ist, so ziemlich die höchste Karrierestufe zu erreichen.

Denn manchmal kommt es anders, als man es erahnen könnte. „Schuld" an diesem Gesinnungswandel war jemand, der heute mit zu den besten Networkern Europas zählt. Ein Mann, der sehr professionell die Network-Marketing-Branche genau beleuchtet hat, sie unter betriebswirtschaftlichen Aspekten beurteilt und dabei die beinahe unfassbaren Chancen und grenzenlosen Möglichkeiten entdeckte und erkannte. Und der sein eigenes Erfolgsunternehmen verkaufte, nur um in dieser von vielen anderen so misstrauisch beäugten Branche aktiv zu werden und durchzustarten. Genau das machte auch Marco Wirth erst stutzig, dann aktiv und bewegte ihn zu einem kompletten Um- und Neudenken. „Ich musste mich anfangs schütteln, als ich hörte, dass der Bekannte von mir sein selber aufgebautes Unternehmen verkaufte. Und dies nur für Network-Marketing. Wo man doch eigentlich gar kein Startkapital benötigt. Das kommt ja noch hinzu. Er aber wollte alles und legte einen derart fulminanten Vollgas-Start hin, dass sich selbst die erfolgsverwöhnte Network-Branche die Augen reiben musste!", berichtet Marco Wirth.

Seine Gedanken waren offensichtlich: „Wenn mein Bekannter seinen Laden verkauft, nur um ab sofort Network-Marketing zu betreiben, dann muss da vielleicht doch mehr dran sein, als ich bisher immer dachte." So lief das Gedankenspiel des Münchner Autoliebhabers, wenngleich er anfangs immer noch latent zögerlich war und den Mega-Erfolg seines Bekannten argwöhnisch beäugte. Aber die Erfolgsstory wirkte und der Akt des Firmenverkaufs noch mehr. „Ich wusste um sein Potenzial und was er zu leisten imstande ist. Da wurde mir zunehmend klar, dass ich mich mit auf den Weg machen werde. Ich wollte dabei sein, ein Teil des Erfolgs werden. Und genau das habe ich getan …!", berichtet Marco Wirth und weiß, was er diesem Bekannten heute zu verdanken hat – so ziemlich alles.

Auf seiner Reise des Erfolgs hat der Münchner in vielerlei Hinsicht anders und auch manchmal genauer hingesehen. Heute weiß er, warum immer wieder Unwahrheiten über das Business verbreitet werden. Weil nämlich immer noch bei so manchem der Irrglaube herrscht, man muss nur den einen wirklich guten Vertriebspartner finden, der für einen das Geld verdient. Jemand, der vielleicht einmal in der Woche zum Telefon greift und dann maximal die Umsatzzahlen abfragt. Nein, genau das ist Network-Marketing nicht. Dieses Glücksrittertum ist nicht gefragt, nicht gewollt und hat im modernen Network-Marketing absolut keine Chance auf Erfolg. Ganz im Gegenteil – der einzelne Mensch als Mitglied eines Teams steht im Vordergrund. Ihn gilt es zu betrachten, auf ihn muss eingegangen werden, er muss wertgeschätzt werden. „Das geht damit los, dass ich mich mit ihm beschäftige, ihn kennenlerne, von ihm erfahre, wo seine Reise hingehen soll, und ihn auf diesem Weg begleiten muss. Je intensiver, desto besser. Dafür muss ich dann alles tun. Denn es liegt zu einem erheblichen Teil an mir, dass der andere da ankommt, wo er ursprünglich auch hinwill. Eigentlich keine schwere Aufgabe!

Aber dennoch scheitern immer wieder Menschen auch im und an einem vermeintlich so einfachen System wie Network-Marketing. Warum? Wie kann das sein? Weil sie von anderen wiederum in die Branche geholt werden, die selber ihren Weg noch nicht kennen, die selber das Handwerk noch nicht wirklich beherrschen. Scheitern ist dann quasi vorprogrammiert. Dabei ist, wenn man Stimmen von Top-Networkern hört und auch Marco Wirth stimmt in diesen Chor mit ein, Network-Marketing die Schule des Lebens. Denn hier dreht sich alles – ob online oder offline – einzig und allein um Menschen. Sie stehen im Mittelpunkt. Auch Marco Wirth lernte, wieder auf andere einzugehen, sich mit ihnen auseinanderzusetzen, und er spürte diese Transformation – weg von der Ellenbogengesellschaft hin zum Miteinander und zum Teamwork. Was woanders gepredigt wird, ist im Network gelebte Praxis. Und dieses Businessmodell verpasst manchen wieder ein Gesicht, ein Antlitz, das aus der Menge und Masse heraussticht. Nur eins ist klar: wer Deckung in der Anonymität sucht, der ist im Network-Marketing gänzlich falsch. Hier regiert das offene Visier. Marco Wirth ist das beste Beispiel dafür.

Er lebt das Geschäft und lebt es vor. Sein Weg heißt „Kennenlernen" – eine emotionale Bindung aufbauen und darauf warten, dass der oder die andere ein Bedürfnis äußert. Dann, aber nur dann, bietet er seine Hilfe an – und eine Lösung. Dann nämlich schlägt die Stunde des Marco Wirth. Des Mannes mit dem magischen Lächeln und des Mannes, der weiß, wie er Botschaften clever verpackt. Nämlich so, dass man ihm zuhört. Und das geschieht durch das Instrument, das Kommunikationsexperten auch „Storytelling" nennen. Marco Wirth ist ein Geschichtenerzähler, aber kein „Märchenonkel". Denn seine

Geschichten sind wahr, sind belegbar und damit auch authentisch. Insbesondere, wenn er seine eigene Story erzählt. Seine persönliche Reise ins Glück. Dabei stellt er sich aber geschickterweise nicht selber ins Rampenlicht. Er weiß um die Kraft, sich selber zurückzunehmen und sich eben nicht auf eigene Kosten zu inszenieren. Die Kraft der Story ist magisch, ist unsichtbar, aber dennoch umso deutlicher spürbar.

Das wussten schon die Geschichtenerzähler im Mittelalter. Sie waren die „personifizierte Tagesschau" auf den Marktplätzen der Dörfer und Städte. Und auch im Orient wusste man gute Geschichten zu schätzen. Könige ließen die Erzähler am Hofe berichten und je besser, spannender und fesselnder das Narrativ verpackt und erzählt wurde, desto größer die Zuhörerschaft und je konzentrierter das Zuhören. Die Macht des Storytellings ist bis heute ungebrochen. Im Gegenteil – die Trendkurve zeigt steil nach oben. Man denke nur an den neuen Hype des Podcasts, der eigentlich gar nicht so neu ist, sondern eher ein alter Hut, als noch die Großeltern gespannt vor dem Volksempfänger hockten und Sprechern, Rednern und Erzählern lauschten. All dies macht sich auch ein Marco Wirth raffiniert zu eigen und zunutze. „Ich erzähle die Geschichte eines anderen, mit dem man sich ideal identifizieren kann einfach weiter. Dabei achte ich darauf, dass Parallelen zwischen dem Zuhörer und dem Protagonisten der Geschichte entstehen. Das ist überaus wichtig für die Vergleichbarkeit und dafür, dass sich der Zuhörer in der Story ein großes Stück weit wiedererkennt ...!", verrät der Network-Gipfelstürmer.

BEST OF **Network-Marketing**

Überaus schlau ist, dass der Erfolgs-Networker auch all die falschen Glaubenssätze, aus denen die Vorurteile hervorwachsen, mit in seine Story integriert. Aber so, dass er sie zeitgleich eindrucksvoll und nachvollziehbar logisch konsequent widerlegt. „Wer meine Story hört, der fragt nicht mehr, ob Network-Marketing eine coole, aufregende und erfolgversprechende Einrichtung ist. Der geht gleich zwei Schritte weiter und fragt nach dem Produkt. System und die früher damit verbundenen Zweifel sind für ihn abgehakt!"

Aus seiner früheren Abneigung gegenüber der Network-Marketing-Praxis heraus hat Marco Wirth inzwischen eine ebenso effektive wie wirkungsvolle Systematik der Abläufe kreiert. Das geht damit los, dass er keine Geschäftspräsentation im eigentlichen Sinn mehr abhält, sondern dem jeweiligen Aspiranten eine Landingpage zukommen lässt. Cool, und zudem mit aktuellstem, modernstem Ambiente ausgestattet. Darauf befinden sich alle Infos rund um die Produkte, die Company, das System, die Möglichkeiten – er setzt damit auf totale Transparenz bis in den Background

hinein. Alles inklusive der Story, von der er erzählt hat und mit der sich der Kontakt identifizieren kann. Dazu die auffordernde Bitte, sich alles exakt anzusehen, keine Fragen zu scheuen, sondern im Gegenteil sich alle aufkommenden Unklarheiten und Fragen zu notieren, damit lückenlos geantwortet werden kann. „Wir haben absolut rein gar nichts zu verbergen. Klarheit und Wahrheit sind eine Maxime, die wichtig, wertvoll und notwendig ist. Zudem mache ich auch deutlich, dass es einzig und allein an dem jeweiligen Kontakt liegt, was er letztendlich aus meiner Offerte macht. Die nämlich ist völlig unverbindlich. Das muss ebenso offensichtlich sein wie als Botschaft ankommen. Denn nur dann wird ohne Druck, ohne Angst und ohne Scham auch eine ehrliche Entscheidung getroffen, ob jemand starten will oder nicht. Alles andere macht null Sinn und rächt sich spätestens dann, wenn man Zeit und Arbeit in jemanden investiert, der im Grunde genommen gar nicht richtig an Bord ist, weil er von vornherein nicht wirklich seine Chance nutzen wollte!", erläutert Marco Wirth.

Was er mit dieser klugen Geschäftspraktik erreicht, ist, dass Menschen Ja sagen zur Story. Ein Phänomen, das, wie schon dargelegt, Jahrhunderte alt ist und wirkt. Denn Menschen kaufen Geschichten, aber keine Märchen. Daher ist bei ihm kein Platz für Superlative und unrealistische Übertreibungen. Die Wahrheit zählt für ihn und in seinem Geschäft. Er vergleicht das mit einem guten Kinofilm. Ist die Story interessant und holt die Menschen ab, dann kaufen sie sich ein Ticket und gehen ins Kino. Und der „Wirth-Blockbuster" lohnt sich allemal, gehört und erlebt zu werden. Würde der Film aber vorher schon alle Spannungsbögen und Pointen vorwegnehmen, würde auch niemand sich den Streifen ansehen. Genau auf dieses Verhalten setzt Marco Wirth mit seinem cleveren Konzept. Und der Erfolg gibt ihm mehr als recht. „Somit wird deutlich, dass es mein Job ist, einen interessanten Trailer zu kreieren, mit dem sich ein potenzieller Kandidat bzw. eine Kandidatin identifizieren kann. Und zwar so intensiv, dass als Resultat pures Interesse am Businessmodell Network-Marketing erwächst, das dann eine faszinierende Chance offenlegt!", so der Top-Networker. Die ganze Kunst dabei liegt im Sich-selbst-Zurücknehmen. Nicht sich, sondern in der Story andere groß dastehen lassen. Das ist glaubwürdig.

Vergleichbar mit der Empfehlung z.B. eines Burger-Restaurants. Was passiert in diesem Fall? Man schwärmt jemand anderem von diesem Burger vor, von der Qualität, diesem Geschmack, von dem Lokal, der netten Servicekraft ... aber kein Wort von sich selbst. Kein Sich-in-den-Fokus-Setzen. Sondern schwärmerisch von etwas, von einem Dritten berichten. Daraus resultiert Neugierde, die dann bestenfalls zum Besuch des Restaurants führt. Nichts anderes ist es, was Marco Wirth macht. „Spreche ich in Lobeshymnen über mich, hat das keinen Gehalt. Diese Aussagen sind nichts wert. Sagen das Gleiche aber andere über mich, wendet sich das Blatt. Dann stehe ich in einem hervorragenden Licht dar und erstrahle heller und größer, als ich mich selber überhaupt machen konnte. So einfach ist das. Bleib bescheiden und du selbst, dann wird der Lohn umso größer sein!", rät der versierte Storyteller, der heute weiß, dass man ihm einst vor 29 Jahren, nämlich bei seiner ersten Berührung mit dem System Network-Marketing, einen fertig ausgestellten Lottoschein mit sechs Richtigen plus Zusatzzahl geschenkt hat, den er aber nie abgegeben hat … bis zum Sommer 2018, dem Zeitpunkt seines Einstiegs ins Geschäft.

MARCO WIRTH – spontan gefragt, spontan gesagt:

● **Mir ist Erfolg wichtiger als …**
„… materielle Dinge, denn ich liebe das Gefühl von Erfolg!"

● **Network-Marketing ist die Zukunft, weil …**
„… in absehbarer Zeit der klassische Handel, wie wir ihn noch alle kennen, nicht mehr stattfinden wird!"

● **Mein wichtigster Rat an alle aktiven Networker lautet:**
„Zeigt wahres Interesse an Menschen!"

● **Mein wichtigster Rat an alle, die noch keine Networker sind, lautet:**
„Schau dir die Menschen, die auf dich zukommen und dir eine Chance bieten, ganz genau an. Denn nur ein Blick hinter die Kulissen ist ein ehrlicher Blick, der weiterhilft …!"

FRANZ JOSEF CZINK

ERGO Pro

Dieses Vertriebssystem bleibt ewig jung, weil es sich permanent erneuert

Er war der jüngste, der einst den Erfolgsolymp der legendären HMI-Organisation bestiegen hat. Des Strukturvertriebs der früheren Hamburg-Mannheimer Versicherung, die mittlerweile als Marke in der internationalen ERGO Group AG aufgegangen ist. Heute ist Franz Josef Czink eine lebende Legende – aber immer noch jung, dynamisch, ehrgeizig und ein überaus erfolgreich aktiver „Senator". Ein Titel mit extremer Strahlkraft und zugleich eine überaus wertschätzende Auszeichnung. Denn er ist kein fester Bestandteil des Karrieresystems, sondern „Senatoren" – die früher noch „Generäle" hießen – wurden ernannt. Nein, sie wurden gekürt und verehrt. Und das wiederum schafften nur die allerwenigsten, nämlich nicht einmal 30 in knapp vier Dekaden. Einziges Kriterium: außergewöhnliche Leistungen und höchste Verdienste rund ums Unternehmen. Genau das, was den stets jugendlich-frisch wirkenden „Senator" geschäftlich auszeichnet. Wenngleich das noch lange nicht alles ist. Denn der erfolgreiche Bayer hat noch weitaus mehr Eigenschaften zu bieten, die ihn so erfolgreich gemacht haben. Und zwar Tugenden, die seinen Charakter definieren, die mit ein Grund sind, warum andere so vertrauensvoll mit ihm zusammenarbeiten und die vor allem eins sind: Vorbild! Für sein Team, für seine Partner-Company und für die ganze Network-Marketing-Branche.

„Ich muss nicht mehr arbeiten, aber ich darf noch …!" Was für ein Satz! Was für eine Aussage! Beschreibt sie doch alles, was diesen Mann ausmacht und ebenso seine eindrucksvolle Geschichte. Es ist ein Ausdruck der Demut und der Dankbarkeit. Denn auch ein Franz Josef Czink weiß, was er dem strukturierten Finanzvertrieb zu verdanken hat. Vielleicht nicht alles, aber zumindest extrem viel. Denn den Rest, der nötig ist, um in dieser Branche Fuß zu fassen und zu guter Letzt erfolgreich zu werden, den hat er von sich aus mitgebracht. Als ob ein Haufen guter Qualitäten, Stärken und positiver Wesensarten in seinen „Existenz-Rucksack" gestopft wurden und er damit in das Abenteuer Leben losgeschickt wurde. Hört sich ein bisschen nach einem Märchen der Gebrüder Grimm an – à la „Franz im Glück". Aber mit Glück haben sein Werdegang und seine erarbeiteten Erfolge eben genau nichts zu tun. Vielmehr sind sie die Summe aus Werten, die in modernen Zeiten manchmal eher als „uncool" tituliert werden, die aber kumuliert zu einem Ergebnis führen: Erfolg! Und diese Werte sind der Reihe nach aufgezählt: Bescheidenheit, Fleiß, Demut, Anstand, Benehmen, Strebsamkeit, Ehrlichkeit, Seriosität und Freude an der Arbeit. Alles Merkmale, die so mancher vielleicht in einer Laudation zu einer Preisübergabe vermuten möchte. Doch auch wenn Franz Josef Czink in seinen bald 40 Jahren Vertriebs-Aktivitäten in der Finanzdienstleistung viele Preise, Pokale, Auszeichnungen und Titel gewonnen hat, so sind diese aufgezählten Kennzeichen weniger persönliche Skills als handfeste Charaktereigenschaften. Vor allem aber bilden sie das sichere Fundament, auf dem der „Senator" sein „Haus des Erfolgs" gebaut hat. Oder wie es in seinem Fachjargon wohl eher heißen würde: die Geschäftsstelle des Erfolgs …

Sein aktives Berufsleben startet der aufgeweckte Bursche aus Niederbayern schon im Alter von 15 Jahren. Da, wo andere noch viele Flausen im Kopf haben, Streiche in der Freizeit aushecken, mit Freunden um die Häuser ziehen oder anfangen Party zu machen, steht er schon an der Werkbank. Bei BMW in Dingolfing lernt der spätere Finanz- und Versicherungsexperte den Beruf des Feinblechners. „Ein Beruf, der mich zugleich eine gewisse Enge spüren ließ, die eine solche Fabrik mit der entsprechenden Arbeit nun einmal auch ausstrahlt. Strikte Abläufe, aus denen eine gewisse Monotonie entstand, ließen mit der Zeit in mir den Wunsch nach Alternativen aufkeimen. Aber wie sollten die für jemanden, der in Metallverarbeitung tätig ist, aussehen? Die Selbstständigkeit mit einem eigenen Betrieb – das hätte vielleicht ein Ausweg sein können?", erinnert sich Franz Josef Czink.

„Kommt Zeit, kommt Rat" heißt ein Sprichwort. Bei dem jungen Feinblechner kommen nach seiner sehr gut abgeschlossenen Lehre vor allem eins: ein paar Jobwechsel und eine zweimalige Arbeitslosigkeit. Zeit, sich darum noch intensiver umzuschauen. Genau das tat er. Und zwar, wie damals üblich, durch ein intensiveres Studium der Zeitungen und den darin befindlichen Annoncen und Stellenausschreibungen. Denn Google und Internet waren damals noch nicht angesagt geschweige denn erfunden. Man blätterte durch die Anzeigen und schaute, ob etwas Passendes dabei ist. „Bei einem Inserat von einem Finanzdienstleister blieb ich hängen. Es hörte sich interessant an. Da stand etwas von Teamaufbau, von Führungsaufgaben und von Seiteneinstieg. Also beschloss ich, so ein Info-Gespräch einmal zu besuchen …!", berichtet der erfahrene Vertriebler.

Gesagt, getan! Doch auf dem Weg zurück passierte etwas Entscheidendes. Von der gerade erlebten Präsentation sichtlich beeindruckt und angetan, trifft Franz Josef Czink wirklich rein zufällig einen ehemaligen Arbeitskollegen. Jemand, der ihm erst wenige Wochen zuvor ein Produkt für seine künftige Altersvorsorge präsentiert hatte. „Das hatte sich alles ziemlich gut angehört, aber ich war damals zu knapp bei Kasse und konnte mir so einen Versorgungsplan schlichtweg nicht leisten. Aber als ich meinem Ex-Kollegen von meinem eben besuchten Info-Gespräch und meinen Absichten erzählte, nämlich dass wir wohl bald Kollegen werden würden, da ich etwas Ähnliches wie er machen wollte, bremste er mich sofort aus. ‚Stopp! Das kannst du auch bei uns machen!', erklärte er mir. Umso besser, schoss es mir durch den Kopf, denn mit ihm kannte ich zumindest schon mal jemanden aus der Branche. Nur eine Woche später saß ich auf dem Grundseminar. So hießen die Geschäftspräsentationen damals ...!"

AUSSERGEWÖHNLICH IST FÜR UNS NORMAL – EIN GELEBTES MOTTO

Aber auch ein heute so erfolgreicher Vertriebler wie „Senator Czink" musste durch den „Anfangs-Blues" gehen, den viele heute erfolgreiche Networker durchqueren und überstehen müssen. Denn nicht nur sich, sondern auch seine Frau hatte der nach neuen beruflichen Ufern strebende junge Mann angemeldet. Nur einen Tag vor Seminarstart erklangen die Worte, die viele kennen, die in der Network-Branche starten wollen. Worte des Zweifels, der Wankelmütigkeit. „Meinst du wirklich? Eigentlich ist das doch gar nichts für dich? Du bist doch gar kein Verkäufer. Such dir doch lieber einen ordentlichen Job!", überlegte seine Frau. Die Antwort fiel schlicht und final aus: „Ich habe die Anmeldegebühren schon bezahlt – auch für dich!" Zu zweit saßen sie nur einen Tag später auf dem besagten Grundseminar, um nur Stunden später zusammen mehr als begeistert zu sein. Da ist sie, die große Chance auf Selbstständigkeit. Raus aus der Enge der Fabrik. Raus aus der Monotonie der Werkbank. Sein eigener Herr sein – und das auch noch ohne wirklich eigenes Kapital in ein Start-up investieren zu müssen. Ganz im Gegenteil: Bau dir deine Firma in unserer Firma auf! So lautete ein Motto der HMI – die heute ERGO Pro heißt –, deren Hauptslogan aber „Außergewöhnlich ist für uns normal" war – ein Spruch, der geliebt und gelebt wurde, und zwar jahrzehntelang.

Es ist das Gesamtpaket, das ihn so dermaßen begeistert. Auf der einen Seite ein Produkt, das er durch die Vorstellung seines Bekannten bei sich zu Hause kennenlernen konnte und von dem er seither überzeugt ist. Zum anderen die dort aktiven Menschen und allen voran sein Ex-Kollege Albert Czemmel, der ihn letztendlich zur damaligen HMI „gelockt und gelotst" hat, weil er im entscheidenden Moment „Stopp" rief. „Für mich waren gleichermaßen die Atmosphäre wie die Inhalte und Perspektiven des Grundseminars beeindruckend. Das fing beim Top-Hotel an, ging weiter über die perfekte Organisation der Veranstaltung bis hin zu den dort auftretenden Menschen. Ich hatte plötzlich das Gefühl angekommen zu sein. Und zwar in einer Welt mit höherem Niveau, anderem Flair und vor allem mit komplett anderen Möglichkeiten. Es herrschte eine Goldgräberstimmung. Die Lust am Aufbruch war spürbar, und man hatte das Gefühl, Teil einer Bewegung, einer großartigen neuen Sache zu werden, mit der sich ein ebenso besonderer Erfolg erreichen lässt!", erklärt Franz Josef Czink rückblickend.

Es ist insbesondere die Perspektive, der schon damals im Jahr 1983 schier unglaublichen Möglichkeiten, die das Network-Marketing-System den Menschen anbot. Karriere, hohes Einkommen, Verantwortung für Menschen und sehr viel exzellente Fort- und Weiterbildung – all das auch ohne Abitur, ohne Studium, ohne akademische Auszeichnungen, sondern lediglich basierend auf Fleiß, Engagement und persönliche Lust auf Erfolg. Ja, wo gibt's denn so was? Richtig – nur in der Network-Marketing-Branche, damals wie heute!

Von den Machbar- und Möglichkeiten ist für den ambitionierten Neu-Repräsentanten anfangs nicht viel zu spüren. Ein ums andere Mal holt er sich eine Abfuhr. Wobei zu bemerken ist, dass Verkaufsgespräche in der Finanzdienstleistung einer akribischen Vorbereitung und Vorarbeit bedürfen. Da wurden erst Kontakte geknüpft, dann Termine für den persönlichen Hausbesuch vereinbart. Dieser Termin wird vorher nochmals bestätigt, und erst dann machte man sich auf den Weg. Das Verkaufsgespräch dauerte ebenso mindestens eine Stunde, weil es sich bei einer Kapitallebensversicherung um ein ziemlich erklärungsbedürftiges Produkt handelt. Ganze 15 Mal bekommt Franz Josef Czink das Wort zu hören, das ein Verkäufer am wenigsten hören mag: Nein! Erst das 16. Gespräch endet mit einem Abschluss. Der Durchbruch? „Es war auf alle Fälle der Beweis, das es funktioniert. Und von da an habe ich auch nicht locker gelassen, sondern habe Woche für Woche und Tag für Tag meine Gespräche platziert und geführt. Trotzdem war meine anfängliche Quote alles andere als gut. Mit 10 zu 1 kommt man nicht wirklich weit. Heißt, ich brauchte zehn Gespräche für einen Abschluss. Und so zäh ging es auch erst einmal weiter. Für die zweite Karrierestufe habe ich gut anderthalb Jahre benötigt, um mit Ach und Krach und Hilfe über die Hürde zu klettern. Dass es alles andere als leicht war, zeigt darüber hinaus auch die Tatsache, dass ich von einer kurzweiligen Hauptberuflichkeit sogar wieder zurück in die Nebenberuflichkeit gewechselt bin. Einfach, weil es nicht so lief, wie ich es mir gewünscht und vorgestellt hatte!", beschönt der heute eher erfolgsverwöhnte Vertriebsprofi rein gar nichts.

So wie es überhaupt eine weitere Stärke von ihm ist, mit der Wahrheit nicht zu spielen oder diese nach Gutdünken auszulegen, sondern sich immer an den puren Fakten zu orientieren. Führen durch Vorführen? So bekannt dieser Satz auch klingen mag, er hat bei Franz Josef Czink mehr als nur eine Berechtigung. Bei ihm ist es nämlich die beispielhafte Außenwirkung durch ein bodenständiges Bekennen, dass so viele Menschen ihm in seiner Orga vertrauen. Ein Magnet mit sympathischem Sogeffekt.

VOM FLACHSTARTER ZUM DURCHSTARTER MIT DISZIPLIN UND KÖNNEN

Er sagt von sich selber, ein sogenannter „Flachstarter" gewesen zu sein. Also jemand, der durch seine Leistung und Ergebnisse nicht wirklich auffällt, sondern der sich im geordneten Mittelfeld mehr oder weniger durchschlägt und über Wasser hält. Aber wie wird aus „flach" dann doch auf einmal „steil"? Wie lässt sich die Trendkurve geradezu aus der Waagerechten in die Senkrechte emporbiegen? Das Zauberwort heißt hier: nach oben rekrutieren! Denn wie lautet eine berühmte Branchen-Weisheit? „Erstklassigkeit zieht Erstklassigkeit nach sich ...!" Ein Dogma, das auch Franz Josef Czink erkennt und das ihm von erfahrenen „Strukturhöheren", wie man damals Führungskräfte nennt, antrainiert wird. „Plötzlich tat sich was, weil ich vom Status her etwas ‚bessere' Leute für mich gewinnen konnte – z.B. Studenten oder Abteilungsleiter eines Unternehmens. Das war der Beginn meines Durchbruchs ...!", berichtet der ambitionierte Freizeit-Biker.

„Higher Level Recruiting" – sicherlich ein wertvolles Tool und effektiv dazu. Aber das traut sich nicht gleich jeder. Auch dann nicht, wenn es eine wesentliche Kehrtwende hin zum Besseren verspricht. „Die Grundlage dafür hatte ich in meinen ersten anderthalb Jahren gelegt. Die Zeit, die ich intensiv genutzt habe, um meine Fertigkeiten zu verbessern. Sei es das Verkaufsgespräch, die Argumentation oder die Einwandbehandlung – das hatte ich wirklich alles drauf. Und mit diesem Wissen und diesem Können in der Hinterhand fällt es dann auch nicht wirklich schwer, Menschen mit einem höheren beruflichen Status anzusprechen. Denn ich wusste ja, wie ich zu argumentieren habe. Das erleichterte die Sache ungemein. Mir als 21-jährigem Handwerker, der so fit und gerüstet in seinem Job war, konnten diese Frauen und Männer, die für mich vermeintlich einen Level höher waren, wiederum in meinem neuen Handwerk nichts vormachen. Ich hatte meinen Vorsprung in diesen für mich nützlichen Fähigkeiten so weit ausgebaut, dass ich dadurch auch das nötige Selbstbewusstsein erlangte, diese Menschen anzusprechen. Und der Erfolg gab mir zudem recht!"

Heute muss er beinahe schmunzeln, wenn er sagt, was ihn damals extrem motiviert hat: Es waren schöne Autos. Hört sich banal an, ist aber die Wahrheit. „Schon ziemlich früh in meiner Karriere kaufte ich mir damals einen Porsche 924, aus dem ein Porsche 944 wurde, bis ich einen 911er hatte. Ja, das hat mich begeistert. Und das tut es heute noch. Ich erfreue mich immer noch an schönen Autos, wenngleich ich sie mir nicht mehr kaufe. Heute motiviert mich insbesondere die Arbeit in Verbindung mit jungen Menschen. Diese Youngster zu fördern, ihnen etwas mit auf den Weg zu geben und sie zu guter Letzt erfolgreich zu machen, das begeistert mich nach wie vor. Das ist für mich eine Erfüllung. Weil es mich befriedigt. Denn ich kann so jungen Menschen etwas von dem zurückgeben, was ich selber erlebt und erfahren habe. Und das gibt mir ein gutes Gefühl. In diesem Sinne kann und darf ich noch meinen Beitrag leisten und mit meiner Erfahrung zum Gelingen so mancher Mission mit beitragen, sei es durch Karrierecoaching oder bestimmte Trainings, die bei der Persönlichkeitsentwicklung der jungen Frauen und Männer helfen!", macht der Erfolgsvertriebler der heutigen ERGO Pro klar.

Diese annähernd 40 Jahre andauernde Karriere, mit einer Performance als auch mit Kennzahlen, die „außergewöhnlich beeindruckend" sind, ist ziemlich einzigartig: Oder wie soll man eine Million vermittelte Kunden im Bereich Vorsorge und Vermögensbildung sowie rund 100.000 Seminarteilnehmer für Beratungsqualität, Verkauf, Führung, Motivation, Zeitmanagement und Persönlichkeitsentwicklung sonst nennen? Dennoch geht der Blick nicht zurück, sondern nach vorn. Was war, ist gut, aber was kommt, wird noch besser. Da ist sich der hochdekorierte Finanz- und Vorsorgeexperte mehr als sicher. Denn gerade vor ihm liegt auch das, was er als Erfolg bezeichnet. „Es ist wie bei einer Aktie. Ihr wirklicher Wert liegt immer in der Zukunft, niemals in der Vergangenheit. Die Bewertung ist einerseits eine Momentaufnahme, aber andererseits liegt darin auch immer eine Bewertung, wie sich die Firma und damit die Aktie in der Zukunft entwickeln wird. Und so definiere ich das auch für mich ganz persönlich. Welchen Zukunftswert habe ich? Denn all das, was ich bisher geleistet habe, das ist Vergangenheit und wurde schon entsprechend eingepreist. Aber was liegt noch vor mir? Was kann ich für eine noch bessere Zukunft tun, und welche Rolle kann ich dabei spielen? Wie steht es um mein Leistungsvermögen, und was kann ich

dazu beitragen? Welchen Wert habe ich für meine Geschäftspartnerinnen und -partner, und welchen Wert habe ich für mein Partnerunternehmen? Diese Fragen gilt es zu beantworten, und die Antworten machen dann meinen Erfolg aus, nämlich wie meine Zukunftsperspektiven sind!", erläutert die sportive Top-Führungskraft, die sich allen voran mit Radfahren, Schwimmen und Intervall-Läufen fit und gesund hält.

LUST AUF WETTBEWERB
UND AUF DIE HERAUSFORDERUNG

Und diese Sportarten setzen im Tun stets eine Eigenschaft voraus, ohne die es einfach nicht geht: Disziplin. Ein Wort, das nicht jeder liebt, das nach Unbequemlichkeit mieft und das der Schrecken der Komfortzone ist. Aber eben nur mit Disziplin geht es voran. Nämlich die Arbeiten zu erledigen, die erledigt werden müssen. Sich die Kompetenz aneignen, die erforderlich ist, um Erfolge später feiern zu dürfen. Selbst Tugenden wie Kontinuität oder Zielorientierung, Beharrlichkeit und eiserner Wille – sie alle setzen eine unbedingte Disziplin voraus. Und genau die besitzt der „Vertriebs-Senator" bis in die Haarspitzen – beim Sport, beim Job, bei all seinem Tun …
„Ich scheue keinen Wettbewerb, sondern stelle mich gern einer Herausforderung. So etwas motiviert mich ungemein, wenn es darum geht, ein Ziel schneller als andere zu erreichen und somit auch hier und da besser zu sein. Bei jedem Wettkampf gibt es einen Gewinner oder ein Team als Gewinner. Und wenn ich diese Position erreichen kann, dann gebe ich alles … Ich kann heute gern auf etwas verzichten, um dafür später umso besser dazustehen!", gibt Franz Josef

Czink auch nach so langer Zeit Aktivität im Finanzvertrieb offenherzig zu. Wie als Beweis in diesem Sinn verrät er ein Ziel, dass er noch als Herausforderung für sich sieht: Mindestens ein Prozent des deutschen Vermittlermarkts sollen im Czink-Team angebunden sein. Heißt: Jeder Hundertste wäre ein Mitglied der Czink-Downline.

In der Network-Branche, der er höchste Frische, permanente Aktualität und ewig modernen Zeitgeist attestiert, sicherlich nicht abwegig. Die Gründe dafür sind ebenso einfach wie einleuchtend: Keinem anderen Arbeits-System werden derart schnell, oft und dauerhaft immer wieder neue, insbesondere junge, Menschen zugeführt wie der Network-Marketing-Branche. Ein nicht enden wollender permanenter Zustrom, der automatisch ebenso ständige Erneuerung und neue Gedanken mit sich bringt. „Dieses System bietet alles, was heute wichtig und wertvoll ist. Wir können Angenehmes mit Nützlichem verbinden und tun dies auch. Wo bitte wird diese Symbiose noch geboten? Und wir nutzen einen perfekten Mix aus online und offline. Menschen brauchen Menschen, gerade wenn es darum geht, Produkte zu erklären. Das allein kann kein Computer. Service, Beratung, menschliche Nähe – das alles macht in der Summe die Arbeitsqualität aus. Und wenn das auf der anderen Seite effektiv und effizient durch den Onlinebereich unterstützt wird, dann ist dieses hybride Arbeiten und Wirken doch geradezu perfekt. Daher besitzt Vertrieb mit diesem strukturierten System eine ganz eigene Schönheit und Attraktivität als Branche, die länger als vieles andere anhalten wird. Das zusammen mit dem ständigen bereits erwähnten Wandel durch das Chancengeben für junge Leute ist zugleich ein Garant für permanente Innovationen!", macht Franz Josef Czink deutlich.

Je länger man über diese Gedanken nachdenkt und sie wirken lässt, desto mehr kommt man zu dem Schluss, dass hier ein weiser Senator führt, mit dessen Strategie und Siegeswillen nicht mal ein „Jedi-Ritter" aus „Star Wars" mithalten könnte. Aber wer weiß, zu welchen „Erfolgssternen" dieser sympathische Senator noch greift …

Franz Josef Czink – spontan gefragt, spontan gesagt:

● **Mir ist Erfolg wichtiger als …**
„… in der Komfortzone aus Bequemlichkeit Zeit zu vergeuden …!"

● **Network-Marketing ist die Zukunft, weil …**
„… der Mensch immer den Menschen braucht, um Entscheidungen zu treffen und um darüber hinaus Freude und Erfüllung an der Arbeit zu haben!"

● **Mein wichtigster Rat an alle aktiven Networker lautet:**
„Jeden Tag neu rekrutieren …!"

● **Mein wichtigster Rat an alle, die noch keine Networker sind, lautet:**
„Versuche es einmal, ohne zu wissen, ob es zu dir passt. Aber wenn es passt, dann ist es mit die schönste Sache der Welt …!"

ERIKA SIEVERS & WILFRIED DURCHHOLZ

REICO

ERIKA SIEVERS & WILFRIED DURCHHOLZ

WENN EIN INGENIEUR PLANT, ERFOLGREICH AUF DEN HUND ZU KOMMEN

Das Leben ist zu kurz für den falschen Job! Diesen markigen Slogan postete Wilfried Durchholz auf einem Social-Media-Account. Ein Spruch mit Daseinsberechtigung, mehr als eine Phrase, sondern vielmehr eine selbst erlebte Lebensweisheit. Denn der studierte Bau-Manager weiß, wovon er spricht. Nämlich von einem Leben – wenngleich erfolgreich – im Angestellten-Hamsterrad, voller Abhängigkeiten, Monotonie und dennoch gelebt mit Engagement und höchstem persönlichem Einsatz. Und dann passiert es: Plötzlich beschleicht einen dieses gewisse Gefühl – passt es noch? Das soll alles gewesen sein? Wenn dann noch Störfaktoren im mitmenschlich-kollegialen Bereich hinzukommen, ist die Zeit reif, um einen Schlussstrich zu ziehen. Und den zog Wilfried Durchholz – ebenso bewusst wie mit norddeutschem Charme, nämlich trocken, nüchtern, kompromisslos! Ein Mann, ein Wort, ein Durchholz!

Klingt beinahe nach vorsätzlicher Arbeitslosigkeit! Von wegen! Zu tun gab es genug, und sei es nur die Durchführung bisher liegen gebliebener baulicher Maßnahmen an den eigenen vier Wänden. Aber das Leben hat immer wieder ungeahnte, merkwürdig anmutende Wendungen parat. So kam es, dass der „ehemalige Manager vom Bau" durch eine Kontaktansprache in den Finanzdienstleistungssektor hineinschnupperte. Ein kurzes Intermezzo – aber dennoch mit nachhaltiger Wirkung. Meeting an einem Sonntag? Fesch gedresst im schicken Anzugstyle? Für Wilfried Durchholz eine nahezu irritierende Erfahrung. „Sonntagnachmittag? Da sitze ich auf meiner Terrasse, genieße eine Tasse Kaffee und ein Stück saftigen Butterkuchen …!", lacht er heute – und dachte er damals. Heute weiß er um die Bedeutung von Schulungen, Meetings und Teamwork, lebt und liebt den Spirit von Network-Marketing. Die Branche, die ihn nahezu unfassbar erfolgreich gemacht hat und die ihm und seiner Frau Erika ein völlig neues Leben mit neuen Inhalten, Werten, Tugenden und Abenteuern beschert und ermöglicht hat. Aber immer der Reihe nach …

„Ein System mit Produkten wie Klopapier und Zahnpasta, die jeder braucht, die nützlich sind, die sich von alleine ‚nachkaufen' und mit denen man vernünftiges, kontinuierliches Geld verdienen kann – wenn es so etwas gibt, dann bin ich dabei!" – so lautete das Anforderungsprofil des heutigen Top-Networkers, der schon seit geraumer Zeit in seiner Company die oberste Karrierestufe erreicht hat. Dass ausgerechnet Hundefutter diese zuvor genannten Kriterien erfüllte, war ihm damals noch nicht bewusst. „Studierter Diplom-Ingenieur verkauft Tiernahrung" – unvorstellbar, jedenfalls im ersten Moment. Er zierte sich, ließ sich aber dennoch nach wochenlanger Überredungskunst seines Kontakts zu einer Geschäftspräsentation überreden. Zum Glück – um 18.30 Uhr ging es los, um 19.30 Uhr war Wilfried Durchholz Hundefutter-Berater. Peng, willkommen im Network-Marketing! Fortan lud der „Herr Ingenieur" Hundebesitzer nebst ihrem vierbeinigen Freund zum kostenlosen Probe-Festessen ein. Katzen natürlich auch. Und sehr schnell merkte Wilfried Durchholz, dass sich das neue Geschäftsmodell im Einklang mit Tiernahrung perfekt ergänzt. Denn Futter ist ein absolutes Verbrauchsprodukt. Der Clou dabei: Die Kunden laufen gleich reihenweise auf der Straße herum. 15 Millionen Katzen und elf Millionen Hunde leben allein in Deutschland. Tendenz steigend. Man bedenke: Die Queen hat's, Ex-Boxer Axel Schulz hat's, Robbie Williams, Paris Hilton, Florian David Fitz, Michelle Hunziker, Heidi Klum und ebenso Millionen weniger berühmte Menschen haben's: ein Herz für Hunde! Er ist nun mal der beste Freund des Menschen und hat heutzutage den Stellenwert eines vollwertigen Familienmitglieds. Ein Hund schenkt einem sein Herz, ist loyal und hält immer zu einem. „Für einen Hund bist du der beste und tollste Mensch der Welt. Er ist Wegbegleiter in guten und schlechten Zeiten, Freund, Spielgefährte, Seelentröster, Sportkollege, Arbeitskollege als Hütehund, Wachhund, Beschützer usw. Wie Heinz Rühmann zu sagen pflegte: ‚Natürlich kann man ohne Hund leben; es lohnt sich nur nicht.' Ich finde, das hat er auf den Punkt gebracht!", betont Erika Sievers.

Ob lustig-wilder Beagle, treuer Schäferhund, sanfter Retriever, Chihuahua, Weimaraner, Bulldogge, Dogge, Boxer, Basset, Westie, Havaneser, Jack Russell, Collie, Dackel, Sheltie, Labradoodle, Pudel, Husky, der gerettete Hund aus der Tierhilfe, der gewöhnliche Dugado, der niedliche Bonsai, der weiße Wuschel, der Filou, der reinrassige Spitzpudeldachs, eines haben sie allesamt gemeinsam: Sie lieben ihre Besitzer und damit ihre Familie. Denn sie gehören dazu. Und sie werden wiederum vergöttert – meistens jedenfalls.

Dieses Grundverständnis bedeutet geschäftlich: Die Perspektiven sind mehr als positiv – und waren es von Beginn an. Beste Aussichten auf Erfolg! Das blieb im Jahr 2002 also auch dem sympathischen Mann von der Nordseeküste – einem echten Cuxhavener – nicht verborgen. Produkt und Konzept passten zusammen, ergänzten sich auf ideale Weise. So gut, dass er in nicht einmal fünf Monaten 95 weitere Vertriebspartner sponserte. Es lief ...

Besser gesagt: Es hätte laufen können ... Denn plötzlich geriet die Company aus diversen Gründen in Schwierigkeiten. Verdammt! Wilfried Durchholz wurde regelrecht unverschuldet ausgebremst. Das Thema Network-Marketing schien für ihn Ende 2002 gelaufen zu sein. Bis sich im Februar 2003 ein ehemaliger Vertriebskollege bei ihm meldete und davon berichtete, dass ein anderes Unternehmen im Bereich Direktvertrieb Tierfutter anbietet. Wie gut das funktioniert, wusste der damalige Neu-Networker ja, hatte er doch schon ach so gute erste Erfahrungen gesammelt. Da gab es nicht viel zu überlegen: Wilfried Durchholz kam wieder mit an Bord! „Hund und Herrchen" wurden erneut sein geschäftlicher Magnet – und ist bis heute sein Erfolgsfaktor. Vielleicht auch, weil der Vertriebler mit der richtigen Produktnase sich in den Anfängen des Unternehmens mit einbringen konnte, so manche Idee umsetzte, Prozesse mitprägte und in gewissem Maß dem Vertrieb ein Stück weit mit seinen Stempel aufdrücken konnte.

Lediglich sieben Jahre benötigte Wilfried Durchholz, dessen Frau nur zwei Jahre nach ihm mit ins Geschäft und somit in die Branche einstieg, für die höchste Karrierestufe. Alle Achtung! Doch auch heute blickt er immer noch erfolgshungrig, aber ebenso zufrieden auf sein Wirken, seinen Schaffensdrang und sein Team. Eine Downline, aus der das Erfolgsduo Wilfried und Erika inzwischen weitere erfolgreiche Vertriebspartner in höchste Karrierelevel geführt haben. Aus dem „… hätte laufen können …" ist nun ein echtes, dauer-aktives und extrem erfolgreiches „ … läuft wie verrückt …" entstanden. Network-Marketing macht's möglich!

FREIHEIT ERLEBEN, SELBSTVERANTWORTUNG TRAGEN – DAS GEHÖRT ZUM NETWORK-MARKETING

Doch das Leben derart umzukrempeln, den Mut zu haben, auf andere Art anzupacken, das System und damit das ganze Denken, Handeln und Wirken zu ändern, lieb gewonnene und manchmal auch Routine gewordene Gewohnheiten über Bord zu werfen und dies zudem in der Mitte des meist intensivsten Altersabschnitts – dazu gehört Mumm, Kraft, Wille und ebenso der Glaube an sich selbst. „Eine gesunde Portion Realismus hat mir zudem ebenso geholfen. Mit Ende 40, Anfang 50 hat man doch auf dem herkömmlichen Arbeitsmarkt keine wirkliche Chance mehr. Können, Know-how und Erfahrungen sind plötzlich nur noch ein Drittel wert – das habe ich schnell gespürt, als ich nach meinen selbst gewählten zwei Jahren Pause darüber nachdachte, eventuell doch wieder in den Arbeitsmarkt und in meinen ursprünglichen Beruf einzusteigen. Und dies, obwohl mich anfangs immer wieder Headhunter angesprochen haben, um mich für die eine oder andere Vakanz zu gewinnen. Klar, ich wusste, was ich kann. Aber ich merkte auch, wie mir der eisige Wind direkt von vorn ins Gesicht blies. Die Höhe meiner früheren Bezüge konnte ich mir getrost abschminken. Und dann hätte ich mir darüber hinaus die Position sogar noch mit zwei Youngstern teilen müssen. Wie das ausgeht, das war mir von vornherein klar. Nach wahrscheinlich maximal ein oder zwei Jahren hätte ich den Abschied mit einem feuchten Händedruck erhalten, damit die beiden Jüngeren sich die Stelle hätten teilen können. Der einzige Verlierer dabei wäre ich gewesen. Nein danke. Ohne mich, habe ich dann entschieden. Das ist auch eine Frage der Selbstachtung, ob man sich so abspeisen lassen will. Ich wollte das jedenfalls nicht!", erklärt Wilfried Durchholz mit Nachdruck und ergänzt: „Ich hatte aber wohl gemerkt, wie viel Freiheit ich in der Zeit hatte, in der ich das Network-Marketing-Geschäft betrieben habe. Ein unbeschreiblich schönes Gefühl, das ich bis dato nicht kannte, weil ich es ja auch zuvor nie erlebt hatte. Aber Freiheit ohne Verantwortung funktioniert nicht. Die beiden Begriffe sind fest miteinander verbunden. Und daher gehört insbesondere Selbstverantwortung mit dazu. Mit Freiheit meine ich vor allem die Freiheit der Entscheidung, denn das macht Network-Marketing aus: Niemand redet einem in das eigene Tun und in die eigene Ausrichtung des Geschäfts herein. Du entscheidest! Du wählst deine Ziele! Du allein gibst vor, was du erreichen willst! Du setzt deine eigenen Grenzen – niemand anderes. Das war ein völlig neues Gefühl, das mich da erfüllte!"

TOP-QUALITÄT UND NACHHALTIGER BEDARF ALS BASIS FÜR EIN GUTES EINKOMMEN

Doch Freiheit hin oder her – die will erst einmal erarbeitet werden. Im Network bedarf es dazu unter anderem Vertriebspartner, die gewonnen werden müssen. Und dieser Vorgang der Multiplikation funktioniert wiederum am besten, wenn eben das Produkt stimmt. Eine Erkenntnis, die Wilfried Durchholz bei der Analyse des Karriereplans und der Konzeption seiner individuellen Planung schnell entdeckte. „Die Qualität stimmte, der nachhaltige dauerhafte Bedarf bei den Kunden ebenso, und aus diesem Mix entsteht dann die Chance auf ein gutes bis sehr gutes Einkommen. Diese drei Komponenten lassen sich aber ebenso leicht und anschaulich anderen darlegen und erklären. Somit ist es dann kein Hexenwerk, wenn man auf diese Weise stetig neue Vertriebspartner aufbaut. Man hat nämlich die besten Argumente auf seiner Seite, gegen die kein vernünftiger Mensch

etwas sagen kann. Manchmal kann Vertrieb wirklich einfach sein, wenn der Rahmen stimmt!", erklärt Wilfried Durchholz und gibt zu: „Freiheit habe ich aber gerade auch zu Beginn meiner Network-Marketing-Aktivitäten intensiv erlebt – aber auf eine sonderbare Art. Nämlich spätestens morgens um 8 Uhr, wenn dir eben niemand sagt, so wie es als Angestellter der Fall ist, was man zu tun hat. Das ist zuerst komplett ungewohnt. Ein richtig komisches Gefühl beschleicht einen dann. Keine Aufgabenzuteilung, kein Telefon – da merkt man schlagartig, dass man selbstständig ist, für sich verantwortlich und damit auch für seinen Tagesablauf und dafür, dass man seine eigene Arbeit kreiert ... !"

Und noch etwas kommt hinzu: „Plötzlich musste man reden. Auf Fremde zugehen, ihnen etwas anbieten, etwas verkaufen, sich verkaufen – das war Neuland. Besonders für einen Ingenieur, der Vertragsverhandlungen und Streitgespräche über Gewährleistungen gewohnt war, aber nicht ein Verkaufsgespräch mit einem tierlieben Kunden oder ein Überzeugungsgespräch mit einem Jobsuchenden", gesteht Wilfried Durchholz. Doch mit jedem Gespräch wurde er besser und besser. Es machte ihm sogar Spaß. Und letztendlich entdeckte er seine kommunikative Ader. „Vielleicht auch, weil wir in einem positiven Metier aktiv sind: Hundebesitzer erzählen eben gern von ihren Hunden – und wir von gutem Futter. Das passt perfekt. Heute können wir getrost behaupten, dass unser Business vollkommen andere Menschen aus uns gemacht hat. Dem Network-Marketing sei Dank! Wir haben eine Entwicklung durchlaufen dürfen, die wir selber niemals für möglich gehalten hätten ...!"

Rückblickend hat Network-Marketing also eine Transformation bewirkt, indem sich zuvor eher introvertierte bzw. zurückhaltende Menschen zunehmend öffnen, selbstbewusster und kommunikativer durch ihr tägliches Geschäft wurden, was zu guter Letzt ein nicht unerheblicher Faktor für den persönlichen Erfolg darstellt. Durchbruch, Fortschritt und Anerkennung, Geltung, Gewinn, Triumph und Siege – alles durch persönliche Veränderung, die ein neues System und ein neues Business bewirkt haben. Phänomenal. Wilfried Durchholz sieht in dieser enormen Persönlichkeitsentwicklung sogar ein Stück weit notwendige Selbstaufgabe. Es gehört nämlich auch Mut und Bereitschaft dazu, diese individuelle Veränderung zuzulassen. Vor allem, wenn es um Zielsetzung, Zielerreichung und die Beharrlichkeit auf dem Weg dahin geht. „Man darf das anvisierte Ziel eben nicht aus den Augen lassen, auch dann nicht, wenn es mal nicht gleich auf Anhieb klappt oder man auf dem Weg zum Ziel öfter mal ins Stolpern gerät. Immer dranbleiben, immer fokussiert sein. Augen zu und durch! Wer das schafft, der wächst mit seinen Aufgaben und erlebt an sich einen spürbaren Fortschritt, eine tolle Veränderung. Das ist Persönlichkeitsentwicklung allerhöchster Güte!", erläutert Wilfried Durchholz. Und er fügt hinzu: „Solche Hindernisse auf dem Weg zu überwinden, ja, das kann auch mal wehtun. Aber die Hauptsache ist, dass man sie überwindet, dass man weitergeht, immer weiter, bis man ankommt. Und genau das ist dann der Erfolg in meinen Augen!"

Heute führen beide ein bilanzierendes Unternehmen, haben Freude daran, Menschen zu gestandenen Persönlichkeiten, Unternehmern und erfolgreichen Selbstständigen weiterzubilden und zwar mit ihren im Laufe der Jahre entwickelten Workshops, Seminaren und Coachings. 2019 haben sie sogar ihr Buch, den Amazon-Bestseller „Naturverbunden erfolgreich" geschrieben. Ihr Erfolg ist ungebremst. Denn auch oder gerade in ungewissen Zeiten schaffen sich immer mehr Menschen ein Haustier an. Der Lieferservice und die kompetente Beratung werden daher stets dankbar von „Herrchen und Frauchen" angenommen. Der Slogan, den Erika Sievers und Wilfried Durchholz prägen und leben, lautet: REICO ist Arbeit, die Spaß macht. Für Geschöpfe, die dankbar sind. Mit Menschen, die bereichern! Für sie ist ihr Business und ihre Branche ein pures Sympathie-Geschäft. Und das gilt auch für das Miteinander unter den Kolleginnen und Kollegen.

Wer die beiden Vorbild-Networker erlebt, die mit sich und ihren Hauptkunden – nämlich den Vierbeinern – im Einklang sind, begegnet zwei Menschen, die einen anderen Lebensentwurf leben, als es für Networker vielleicht typisch oder üblich ist. Naturverbundene Harmonie mit einer großen Portion Bodenständigkeit. Und dennoch spürt man förmlich, dass positive Unruhe in ihnen ruht. Ruhende Unruhe – ein Widerspruch? Nein, keinesfalls. Denn bei all ihrer nach außen so beinahe ansteckenden, ruhigen und beruhigenden Art, so stecken sie doch voller Tatendrang, gebündelt mit einer nahezu schier unbändigen Lust auf ihr Business. Selbst wenn der Karriereplan keine weiteren Ziele mehr vorgibt, weil ihrerseits schon alles erreicht wurde, was machbar ist, so ist dennoch der Spaß an der Entwicklung potenzieller Networker ungebrochen. Und das ist Ziel genug. „Die Vertriebspartnerkollegen sind eine Bereicherung. Es sind etliche Freundschaften entstanden. Unsere Produkte sind gefragt wie nie. Wir haben die treuesten Kunden und Vertriebspartner, die mit Tierliebe Geld verdienen. Die Fluktuation bei Kunden und Partnern ist gering. Es gibt noch so viele Vertriebspartner, die wir noch erfolgreicher machen möchten. Was wir erreicht haben, das können ebenso andere schaffen. Denn unser Geschäft ist grenzenlos. Das ist so eine Erfüllung, wenn ich sehe, wie aus einer nebenberuflichen Starterin plötzlich eine erfolgreiche Unternehmerin wird, die ihr eigenes Potenzial entdeckt und ausschöpft!", so Wilfried Durchholz. „Das ist sensationell. Wenn aus Angestellten selbstständige Macher werden, die vom Befehlsempfänger zum Gestalter mutieren. Allein in dieser Richtung gibt es noch so viele unerfüllte Aufgaben zu erledigen ...!", freuen sich die beiden, die sich ihren Erfolg redlich verdient haben und denen man gerne zurufen möchte: weiter so ...

ERIKA SIEVERS & WILFRIED DURCHHOLZ – spontan gefragt, spontan gesagt:

● **Uns ist Erfolg wichtiger als ...**
„... das alltägliche Einerlei und die übliche Hamsterrad-Mühle!"

● **Network-Marketing ist die Zukunft, weil ...**
„... es einfach nur ein absolut faires Geschäft für jeden ist, das keine Unterschiede bei Menschen macht. Und weil es in Zukunft gar keine anderen Möglichkeiten mehr geben wird, die Menschen alternativ zu beschäftigen. Denn diese Vielfalt, die Network-Marketing bietet, wird künftig kaum noch ein Unternehmen anbieten können!"

- **Unser wichtigster Rat an alle aktiven Networker lautet:**
„Nimm dein Leben selber in die Hand, entscheide für dich selbst, statt andere über dich entscheiden zu lassen, und bleibe unerschütterlich!"

- **Unser wichtigster Rat an alle, die noch keine Networker sind, lautet:**
„Schaut über den eigenen Tellerrand und öffnet euch für die großartige Chance, die Network-Marketing heißt – und zwar je früher, desto besser!"

TANJA DOBOCZKY

RINGANA

ERFOLG IM NETWORK IST STETS EINE FRAGE DER ZEIT – NICHT VON TALENT

Sie selbst gibt offen zu, dass sie eigentlich ohne viel Arbeit eine große Karriere machen wollte. Das war ihr Vorsatz. Das war der Plan. Heute weiß die studierte Wirtschaftswissenschaftlerin, dass Erfolg im Network-Marketing vor allem eins ist: viel harte Arbeit, viel Fleiß! Und damit das krasse Gegenteil zu dem, was sie ursprünglich im Sinn hatte. Aber auch eine Erkenntnis, der sie sich gerne gestellt hat und die sie zugleich erfolgreich gemacht hat. Denn Tanja Doboczky ist heute ganz oben. Nicht zuletzt, weil sie ihren Weg anders, auch gegen den Network-Strom und Mainstream, manchmal gegen jegliche Vernunft, ebenso aber mit einem Maß an Sturheit, mit einem freundlichen Trotzkopf, aber dafür mit viel Können, umso mehr Beharrlichkeit, Ausdauer und eisernem Willen gegangen ist. Sie legt wert auf „Frauenpower im Ladystyle" und wird da erfolgreich, wo andere scheitern. Warum? Weil sie weiß, dass sie sich auf sich und ihre Stärke verlassen kann und auf ihr unbändiges Durchhaltevermögen. „Wenn andere aufgeben, fange ich erst richtig an. Denn ich weiß, wenn ich es nicht durchziehe, tut es irgendwann jemand anderes, und ich will nicht Zweite sein, nur weil ich nicht lange genug durchgehalten habe ...!"

Ein bemerkenswertes Mindset, das sie unter anderem im österreichischen Bundesland Kärnten ebenso erfolgreich gemacht hat wie in Spanien. Beides Regionen, von denen immer behauptet wurde: „Network-Marketing funktioniert hier nicht!" Mal waren angeblich die Umfelder zu strukturschwach, dann wiederum hatten die Menschen vermeintlich nicht die passende Einstellung für diese Branche. Irgendeinen imaginären Grund gab es scheinbar immer. Zugleich Gründe, die für Tanja Doboczky mehr Antrieb als Bremse waren. Und sie behielt recht. Ihr immenser Erfolg im gesamten europäischen Raum ist dafür Beweis genug.

Daher passt auch ihr Start ins Network-Leben in diese etwas andere „Arbeits- und Denkweise. Frisch studiert und schon liiert – so könnte die Kurzfassung des Karrierebeginns der charmanten Kärntnerin lauten. Beim „Der Standard", einem der wichtigsten Presseorgane der Alpenrepublik, ist sie schnell verantwortlich für die Bereiche Marketing und Key-Account-Management. Schnell, das ist sie auch in der Familienplanung. Denn ehe sie sich versieht, ist Wunschkind Nummer 2 auf Gottes Erden. Und das heißt: entweder die Kids in die Fürsorge der Kitas geben und nicht erleben, wie sie groß und größer werden. Oder aber in Bezug auf Karriere und Einkommen kleine(re) Brötchen backen, weil mit einem mittlerweile dreifachen Kindersegen beschenkt, nur ein schlecht dotierter Halbtagsjob realisierbar ist. Was für eine Zwickmühle. Leider wohl ein typisches Frauen-Dilemma unserer Zeit. Auch die Akademikerin kann es drehen und wenden, wie sie will, die Entscheidung steht immer gegen und niemals für etwas. Mit einer Ausnahme: Network-Marketing. Eine Branche, die sie schon seit Studienzeiten her kennt, die sie auch durchaus interessant fand, nur konnte sie bisher keine Company finden, mit der sie sich beispielsweise in Hinsicht auf die Produkte so wirklich identifizieren konnte. „Ich arbeite nicht um der Arbeit willen, sondern setze auf Effizienz und Effektivität. Das treibt mich an. Denn das Leben darf dabei nicht zu kurz kommen. Ja, ich arbeite gern, aber ich lebe nicht, um zu arbeiten, sondern ich arbeite, um gut leben zu können. Und das ist eben mehr, als nur Zeit gegen Geld zu tauschen ...!", erklärt die sympathische Top-Führungskraft von RINGANA.

Tanja Doboczky ist ein wahrhaftiger Sponsor-Glücksfall. „Wenn nicht jetzt, wann dann?", fragt sich die damals schwangere Marketingleiterin und macht sich auf die Suche nach einem für sie passenden Unternehmen – um sich zu guter Letzt selbst zu sponsern und einzuschreiben. Für mehr Freizeit, mehr Einkommen, mehr Familienfürsorge, mehr Zeit als Mutter, als Ehefrau und für mehr Erfüllung in ihrem Leben. Sie schaut hier und informiert sich dort. Es ist wie verhext, das passende Partnerunternehmen lässt sich für sie irgendwie nicht finden. Mal passten die Produkte nicht, dann mal der Karriereplan oder die Arbeitsweise war zu aufwendig. Auch weil die Österreicherin genaue Vorstellungen hat und kritisch ist – im positiven Sinn. Ihr kann man kein X für ein U vormachen, weil sie hinterfragt. Da waren ein paar Parameter, die sie sich als Voraussetzung aufs eigene Tableau geschrieben hatte, und die sollten daher –

ohne falsche Kompromisse – erfüllt werden. Auch damit der „Pass-Faktor" stimmt. Heißt: Sie passt zum Unternehmen, und

das Unternehmen passt zu ihr. Eine Firma aus Österreich soll es sein, eine, die Werte hat und diese ebenso vertritt, eine positive Philosophie an den Tag legt und nachhaltig arbeitet.

EIN KLEINES MOTIV MIT GROSSER VISION OHNE LUFTSCHLOSS

Die heute in Kärnten lebende Geschäftsfrau recherchiert, hört sich um und spricht andere Menschen an. Bis sie von einer Company hört, die ihren Vorstellungen entspricht. „Ich bin auf deren Homepage gegangen, habe innerlich genickt und die Unterlagen bestellt, um mich einzuschreiben – erledigt ...!" Und sie legt los – mit einer eher bescheidenen Zielsetzung. 300 oder 400 Euro mehr im Moment während der Karenzzeit, das wäre was. Ein kleines Motiv mit großer Vision dahinter, aber ohne jegliche Baupläne für Luftschlösser. Nein, vielmehr ein eher unspektakulärer Realismus auf Basis des vorhandenen, fest definierten Lebensentwurfs. Das Fundament, auf dem ihr Wirken, Tun, ihre Laufbahn und letztendlich der Erfolg gebaut wurden: große Karriere, intakte Familie, beides gepaart mit viel Freiheit – für Tanja Doboczky der perfekte Mix im Leben, eine wahre Erfüllung.

„Ob es wirklich so werden wird, wusste ich nicht, aber es war meine Motivation, es Wirklichkeit werden zu lassen. Und es war auch meiner damaligen Situation geschuldet. Denn ich war schwanger, bekam ja nur einen Bruchteil meines Gehalts weitergezahlt, und mein Mann war gerade dabei, sich selbstständig zu machen. Das macht deutlich, dass Handeln geboten war. Also musste ich etwas dazuverdienen. Mir war klar, dass ich das am besten mit und durch Network-Marketing erreichen würde. Und es funktionierte genau so, wie ich es mir vorgestellt hatte. Gut anderthalb Jahre habe ich eher gemütlich vor mich hin ‚genetzwerkelt'. Ich verdiente meine paar Hundert Euro dazu, und alles war okay. Doch dann kam der entscheidende Moment, wo sich mir die Frage stellte: Gehe ich jetzt wieder zurück in meinen ursprünglichen Beruf, oder gibt es andere Möglichkeiten? Denn in meinem alten Job standen maximal eine Halbtagsstelle, ein geringes Einkommen, wenig Freiheit und eingeschränktes Familienleben in Aussicht. Mein Mann und ich haben uns darum für die andere Möglichkeit entschieden – nämlich für ein drittes Kind, und ich machte weitere zwei Jahre nebenbei Network-Marketing ...!", erklärt die Networkerin heute.

Ein ebenso cleverer wie wohl auch ungewöhnlicher Weg. Doch in der Elternzeit von Kind zwei und drei passierte quasi heimlich, still und leise etwas: Sie hatte sich nämlich mittlerweile eine gute Team-Basis aufgebaut und eine solide, adäquate Einkommenshöhe erarbeitet. So fiel dann auch die finale Entscheidung zugunsten von Network-Marketing, zur Hauptberuflichkeit und ihrem Partnerunternehmen RINGANA. „Network bot mir die Perspektiven, die mir das Angestelltendasein eben nicht bieten konnte. Weder beim Einkommen noch in Sachen Karriere, Persönlichkeitsentwicklung und schon gar beim Thema Freiheit. Denn mir ging es wie gesagt nicht darum, Stunden abzuarbeiten, sondern vielmehr darum, in weniger Zeit Großes zu erreichen. Das Risiko war zudem wegen meiner Network-Erfahrungen während meiner Elternzeit sehr überschaubar. Das war einfach nur pragmatisch gedacht, auch wenn mein persönliches Umfeld das meistens ganz anders sah und mir vehement abriet. Aber wie sollten diese Menschen, die es ja mit mir gut gemeint haben, auch anders urteilen? Sie blicken meist selber nicht über den eigenen Tellerrand hinaus, weil sie anders ticken als ich, andere, neue Wege nicht kennen und sich scheuen, alternative Richtungen einzuschlagen. So eine aber bin ich nicht, ganz im Gegenteil …!", lächelt die großartige Networkerin.

Und sie bekennt: Der Unterschied zwischen einer neben- und einer hauptberuflichen Tätigkeit im Network ist gravierend. Vorher war es ein einträgliches Hobby, mit dem ich etwas Geld dazuverdient habe. Wenn ich Zeit und Lust hatte, dann habe ich etwas getan. Und wenn nicht? Dann eben nicht! Das wurde schlagartig mit meinem Ja, mit dem Tag der Entscheidung für die Hauptberuflichkeit komplett anders. Da wechselt man vom Amateurstatus in die Professionalität. Professionelles Arbeiten im Network heißt, eine feste Anzahl von Terminen, von Gesprächen, von Kontakten zu erarbeiten und abzuarbeiten. Man sendet ganz andere Signale aus. Das habe ich schon daran gespürt, dass auch ganz andere Menschen zu mir ins Team gekommen sind, mit denen ich gemeinsam schneller gewachsen bin und mit denen ich zusammen eine ganz andere Dynamik erzeugt habe!", erklärt die Profi-Networkerin, die von sich selbst sagt, eine liebevolle Klarheit in der Teamführung an den Tag zu legen und trotz Zielorientierung immer ausreichend Raum für die eigene, individuelle Wahrheit zu lassen. Für sie ist das große Ganze von größerer Bedeutung als die einzelnen kleinen Fragmente, betont sie und fügt hinzu, auch keine Scheu vor Konflikten zu haben. Denn genau die sorgen für einen Reinigungseffekt und dafür, dass ein Zustand danach erheblich besser sein kann und wird, weil Unklarheiten beseitigt und Bruchstellen stabilisiert worden sind. „Ich selber sehe mich als eine Rebellin mit Werten. Denn ich sage Nein zu Fake, zu unechten Verhaltensmustern, zu Schein statt Sein. Bei mir geht es um den Kern, um das Zentrum und um das Wesentliche, nicht um das sekundäre Drumherum. Immer auf den Punkt, ohne Phrasendrescherei, sondern mit purer, offener Authentizität. Alles Punkte, die sicherlich auch ein Stück weit bei mir für Erfolg stehen …!", betont Tanja Doboczky, die als Autorin auch in ihrem Buch „Network-Marketing – Liebe auf den 2. Blick" kein Blatt vor den Mund nimmt.

Aha, also Erfolg durch „liebevolle Klarheit"? Ist es das, was diese beeindruckende Frau ausmacht? Ist das des Geheimnis' Kern? Nein, es ist das Bekenntnis zu den eigenen Entscheidungen. „Wenn ich mich einmal für etwas entschieden habe, dann mache ich das so lange, bis es funktioniert. Aufgeben ist von dem Zeitpunkt der Entscheidung an keine Option für mich. So ist mein Erfolg in den beiden genannten Regionen auch zu erklären. Ich habe dort Menschen gesucht, die so ‚verrückt' sind wie ich – und zwar so lange, bis ich sie gefunden habe. Genau darum dreht sich doch unser Business: so lange nach den richtigen Perlen zu suchen, bis man sie gefunden hat. Network-Marketing ist pure Perlentaucherei. Und ja, das kann auch mal länger dauern. Da hat Ungeduld dann keinen Platz! Grund genug, dass meine engste Führungsrunde, die Leader in meinem Team auch deshalb ‚Perlen des Südens' heißen, die sich quasi schon als Marke in der Marke etabliert haben!", macht sie deutlich und ergänzt erklärend: „Dass das System funktioniert, das weiß ich.

Und wenn es einmal nicht gleich auf Anhieb funktioniert, dann ist es lediglich eine Frage der Zeit, bis es so weit ist und ins Laufen gerät. Das hat nichts mit mangelnden Fähigkeiten zu tun, sondern nur mit dem Faktor Zeit und der damit verbundenen Beharrlichkeit und Ausdauer. Die Fleißigen werden im Network-Marketing immer belohnt. Schade, dass so viele diese Tatsache oft vergessen!"

Talent für diese Branche? Nein, das nimmt die Österreicherin für sich nicht in Anspruch. Im Gegenteil. „Ich bin nicht so offen und gehe gleich auf andere zu, ich bin nicht extrovertiert oder spreche jeden an … , all das, wie typische Networker gerne dargestellt werden, das bin ich alles nicht. Ich vertraue aber dem Faktor Zeit, weil jeder, der in unserer Branche kontinuierlich arbeitet und aktiv ist, irgendwann auf die richtigen Menschen treffen wird!" Menschen, die genauso vom Business begeistert sind, wie man es selber ist. Das kann mal länger und mal weniger lang dauern. Aber genau das ist das Geheimnis, das eigentlich gar kein Geheimnis ist. „Dieser Faktor Zeit bringt noch etwas mit sich – die eigene Entwicklung, für die man eine Bereitschaft aufbringen muss. Darum würde ich rückblickend auch nicht sagen, dass ich wirkliche Fehler gemacht habe. Nein, da war gar kein wirklicher Raum für Fehler vorhanden, aber ich habe mich entwickelt bzw. bin mit und an meinen Aufgaben gewachsen. Das ist der wesentliche Punkt …!", resümiert Tanja Doboczky, für die sich ein wertvoller Erfolgs-Aspekt im Business darin offenbart, wenn sie es schafft, in den Lebensschicksalen ihrer Partnerinnen und Partner etwas massiv Positives ausgelöst und bewegt zu haben. Das ist für sie wirklich sinnstiftend, auch weil diese Menschen wiederum als ein gutes Beispiel vorangehen. Und auch in dieser Hinsicht kann die „sympathische Werte-Rebellin" auf viele Erfolge und Sinnhaftigkeiten zurückblicken …

TANJA DOBOCZKY – spontan gefragt, spontan gesagt:

● **Mir ist Erfolg wichtiger als …**
„… so manches, aber im Vergleich zu den großen Werten des Lebens wie Gesundheit, Liebe oder Familie rangiert Erfolg weit dahinter …!"

● **Network-Marketing ist die Zukunft, weil …**
„…Menschen, die anders als üblich ticken, eine neue, vielleicht sogar bessere Welt mit diesem Business und dem System kreieren können!"

● **Mein wichtigster Rat an alle aktiven Networker lautet:**
„Halte durch, bis es funktioniert, und höre nicht vorher auf …!"

● **Mein wichtigster Rat an alle, die noch keine Networker sind, lautet:**
„Network-Marketing ist ein anspruchsvoller Job und daher auch nicht für jeden geeignet. Denn man muss es mögen, mit Herausforderungen umzugehen. Wer aber mehr vom Leben will, für den ist es das Richtige …!"

JOACHIM HEBERLEIN

PM-INTERNATIONAL

JEDER MENSCH BEKOMMT SEINE GELEGENHEITEN – ER MUSS SIE NUR ANNEHMEN

Nein, das Geld war es nicht oder nicht nur, das den Radio- und Fernsehtechniker in der Network-Marketing-Branche hat aktiv werden lassen. Vielmehr war es der Aspekt der Sicherheit, der für den sympathischen Macher entscheidend war. Dabei war bei ihm ein grundlegend anderes Denkmodell entscheidend, als es bei vielen anderen vorhanden ist. Verdiente er sich doch schon in den 80er-Jahren in seinem „Ur-Beruf" pro Monat das Sechs- bis Siebenfache seines Grundgehalts von rund 2.000 D-Mark (!) dazu. Dies, indem er als Discjockey und Party-Musiker seine „Feierbiest-Seite" bei Events, Partys und Feiern mit einbrachte. Joachim Heberlein, die Stimmungskanone vom Dienst. Ein Nebenjob, der dem stets wohlgelaunten Franken wie auf den Leib geschneidert schien. Und einträglich dazu. So sehr, dass er Frau und zwei Kinder gut ernähren und dazu seinen materiellen Wünschen immer ein Stück näherkommen konnte. Haupt- und Nebenjob – das war sein Plan A, der Basisplan des Lebens. Aber was wäre, wenn ...? Keine Schwarzseherei oder Selbstzweifel, sondern eine Frage der Sicherheit? Was wäre, wenn er seinen Job nicht mehr ausführen könnte? Was wäre, wenn er ausfällt, die Stimme nicht mehr mitmacht, ein Unfall ihn aus der Bahn wirft? Das Lebensmodell mitsamt dem Familienglück würde gehörig ins Wanken geraten, da er der alleinige Verdiener im Hause Heberlein war. Und noch ein wesentlicher Faktor kam hinzu: die schwere Krankheit des Vaters. „In so einer Situation ist man offen – ich jedenfalls war es!", behauptet der heutige Network-Überflieger. Offen heißt, offene Augen für eventuelle Chancen haben, mit geschärften Sinnen Gelegenheiten erkennen. Dass ausgerechnet eine kleine, simple Zeitungsanzeige für ihn das Tor zum heutigen Glück sein sollte – wer hätte das gedacht? Joachim Heberlein jedenfalls nicht. „Verdienen Sie 16.666 D-Mark im Monat ..." lautete das Lockangebot. Die Reaktion von Joachim Heberlein am Frühstückstisch, als er das las: „Na, den Idioten möchte ich mal kennenlernen, der sich darauf meldet ..." Die Antwort auf diese Frage ist so einfach wie kurios: Der glückliche „Idiot" war er ...

„Exakt das ist der Moment, in dem man eine Chance spürt, weil man eben offen ist!", erklärt die heutige Nummer 1 bei PM-INTERNATIONAL. Eine große Zahl, eine winzige Anzeige – genau dieser Gegensatz war entscheidend. Und dazu im Hinterkopf der eigentlich übliche Weg, um so einen Verdienst möglich werden zu lassen. Abitur, Studium und dann hochbuckeln ... Joachim Heberlein meldete sich bei einem Unternehmen, das Nahrungsergänzungsmittel vertrieb. „Ich hatte von dem Markt, den Produkten und deren Wirkungsweisen keine Ahnung. Aber was ich bei der Präsentation verstanden hatte, waren die Erfahrungsberichte. Die waren beeindruckend. Vor allem, als ein 72-jähriger Mann, grau meliert, stilvoll, sympathisch, von seinem Krankheitsbild berichtete, das dem meines Vaters ähnlich war. Und die Präparate des Unternehmens hätten ihm geholfen. Das war schon mal für mich beeindruckend. Als dann noch 30 Tage Garantie hinzukamen, war ich umso mehr angetan, bevor das gefühlt eher simple Empfehlungsgeschäft on top erklärt wurde!"

Joachim Heberlein zog schnell seine eigenen und überaus richtigen Schlüsse daraus. Folgerungen, die ihn bis heute begleiten und ihn an die Spitze im Network-Marketing geführt haben. „Für dieses Business benötigst du höchstens ein Prozent IQ, aber dafür sehr gute Erfahrungsberichte und volle Qualitäts-Garantie – mehr nicht!" Das sind seine Grundlagen, Basics zum Erfolg, um den Weg in die Freiheit gehen zu können. Natürlich steht anfangs die Aussicht auf Verdienst, auf mehr Geld im Vordergrund. Keine Frage, aber sie ist ja erst der Beginn einer spürbaren Freiheit, die dann auch entsprechend umgesetzt werden muss. Wohnen, wo man will, leben, wie man will, Dinge tun, ohne fragen zu müssen oder um Erlaubnis bei anderen zu bitten – und das fängt eben schon mit der freien Einteilung von Arbeit an und endet mit der eigenen Entscheidung, ob man sich einen oder mehrere Tage freinimmt, ob man verreist, wann, wohin und wie lange – alles liegt in der eigenen Entscheidung. „Ich hatte die Vorstellung davon, wie und wo ich wohnen werde. Das war mein Weg und mein Ziel. Es war meine große Vision. Nämlich in einem Haus in einer Bucht mit Blick aufs Wasser und einem Überlaufpool, den ich ebenso im Panoramablick habe. Ein Grundstück, das ich heute mein Eigen nennen darf. Dank Network-Marketing, dank der damals erkannten Chance und weil ich meine Vision hatte, die ich konsequent verfolgt habe ...!"

KEIN VERKAUF, SONDERN WERTVOLLE ERFAHRUNGSBERICHTE SIND ENTSCHEIDEND

Ziele haben viele, auch im Network-Marketing. Wieso ausgerechnet ist aber ein Joachim Heberlein so erfolgreich geworden? Hat er doch etwas anders oder gar besser gemacht? „Ich glaube an meinen Weg. Und der ist anders, als es viele in unserer Branche propagieren. Das Gros meiner Kollegen hat den Verkauf bzw. den Umsatz von Paketen und Produkten im Fokus. Das ist auch absolut okay, richtig und echtes Network-Business. Aber ich vertrete einen alternativen Parallelweg, der noch besser zu mir und meiner Überzeugung passt! Denn jeder ist in unserem Business frei, sein Geschäft zu machen, wie er es für richtig hält. Ich setze daher nicht auf den bloßen Verkauf. Vielmehr auf das Gegenteil – denn der Kern des Erfolgs liegt für mich ganz woanders. Man muss nur genauer hinsehen. Jede erfolgreiche Firma auf dieser Welt, egal, was sie produziert oder anbietet, setzt letztendlich auf einen Faktor, der ein Unternehmen erfolgreich am Markt macht: zufriedene Kunden! Nur darum geht es meiner Meinung nach. Denn sind die Kunden zufrieden, kaufen sie freiwillig wieder ein Produkt bei der gleichen Firma nach. Das ist das ganze Network-Geheimnis. Daraus resultiert für mich der logische Umkehrschluss und das, worauf ich mich als Führungskraft konzentriere: Zufriedene Kunden zu haben und genau das machen mir dann bestenfalls Hunderttausende nach. Darum liegt mein Tun, meine Aktivität als Vorbild darin, Jäger nach Erfahrungsberichten im Produktbereich zu sein. Weil ich das tue, muss ich mir auch niemals Sorgen darum machen, ob meine Organisation stabil ist oder nicht. Sie ist es – genau deswegen. Daher habe ich auch nicht mit dem Thema Fluktuation zu kämpfen …!", macht Joachim Heberlein eindringlich deutlich.

Während andere Verkaufs- und Geschäftsschulungen betreiben, setzt der absolute Spitzen-Networker auf ein anderes Pferd: Auf

Empfehlungen und Erfahrungen bei der Produktnutzung – von der Wirkung über den Genesungsprozess, von der Entwicklung bis zum aktuellen, besseren Wohlfühl-Gefühl. Für ihn ist das Handwerk, eine Grundlage und erheblich wirkungsvoller, als neu gesponserten Partnerinnen und Partnern zu Beginn beispielsweise betriebswirtschaftliche Kennzahlen des Unternehmens oder Verkaufsleitlinien mit auf den Weg zu geben. Kein Wunder, dass er der „König der Erfahrungsberichte" ist, denn er hat in seiner Network-Company auch die meisten davon zu bieten. Man kann diesen Umstand und diese Vorgehensweise auch als das „Geheimnis seines Erfolgs" bezeichnen. „Das alleinige Wohl des Kunden ist alles, worum es geht. Dann läuft das Geschäft beinahe von ganz allein!", resümiert er und gibt ein einleuchtendes Beispiel: „Wer sich etwas Bestimmtes gönnen möchte, was auch in seinen finanziellen Möglichkeiten liegt, der würde dann doch losgehen und es kaufen. Er würde Ja zu diesem gefundenen Angebot sagen. In meinem Geschäft, insbesondere im Bereich von Nahrungsergänzung, kann ich doch einem Kunden nur eine Vision geben. Nämlich, dass das eine oder andere Produkt Positives bei ihm bewirken könnte. So entsteht bei ihm ein Bild und vielleicht ein Bedarf. Schon sind wir wieder bei den Erfahrungsberichten und wie wertvoll diese für unser Business sind. Im Grunde geht es doch darum, den richtigen Erfahrungsbericht zu den richtigen Leuten mit der besten Begeisterung zu bringen – so verfahre ich, und so habe

ich das erreicht, was ich bisher erreicht habe. Und das hat so rein gar nichts mit Verkauf zu tun. Eher etwas mit Ehrlichkeit und Vertrauen. Darauf kommt es an: Vertrauen schaffen und nicht enttäuschen."

Hört sich alles logisch und simpel an, ist es auch und dennoch gesteht selbst ein Joachim Heberlein, dass nicht immer alles so rundläuft, wie man es selber am liebsten gerne hätte. Insbesondere zu Beginn der Network-Karriere. Es waren weniger Zweifel am Geschäftsmodell oder an den Produkten, auch keine an sich selbst, vielmehr war es die eigene Ungeduld, die ein Stück weit Unzufriedenheit aufkommen ließ. „Man will ja immer mehr und am liebsten alles auf einmal. Gerade am Anfang, wo man nicht nur motiviert ist, sondern auch hin und wieder fast übermotiviert. Höher, weiter, schneller – und dabei merkt man auch, dass einem hier und da ein paar Parameter fehlen. Eckpunkte, die noch nicht richtig ins Zahnrad greifen, und genau das ist es, was einen dann scheinbar unzufrieden werden lässt. Aber das sind keine echten Zweifel!"

EIN GLÜCKLICHER KUNDE
PRODUZIERT GLÜCKLICHE KUNDEN

Dafür gibt es noch einen weiteren Grund, der nahezu vorbildlich ist: Joachim Heberlein sagt von sich selbst, dass er in seinem Leben noch niemals Neid empfunden habe. Gut so! Daher hat er sehr oft andere erfolgreiche Menschen beobachtet und diese in ihrem Tun und Wirken studiert. Das bemerkenswerte Fazit, was er meist daraus schloss, war: zu erkennen, wie man es gerade nicht macht. Das war für ihn ein ebenso wichtiges wie wertvolles Learning. „Deren

Verhaltens- und Vorgehensweise hat nicht zu mir und meiner Personality gepasst. Denn ich arbeite aus dem Bauch heraus mit Gefühl, mit Empathie und nicht mit kalter Logik. Ich kann und werde einem anderen nicht ein Paket für 2.000 Euro verkaufen, der sich dieses gar nicht leisten kann, nur um selber daran x Euro zu verdienen. Da würden sich bei mir alle Haare sträuben. So ehrlich muss man doch sein: Wer möchte das denn selber an sich erfahren? Niemand! Und genau das ist der Punkt, warum ich sage, ich verkaufe nicht, sondern empfehle. Denn hinterher hat jemand etwas gekauft, was er ursprünglich gar nicht haben wollte. Und das Ergebnis davon ist? Es stellt sich Reue über den Kauf ein. Der Verkäufer als auch das Produkt stehen im schlechten Licht da, und an einen Folgeverkauf ist absolut nicht mehr zu denken. Sieht so erfolgreiches Network-Marketing aus? Für mich nicht. Wie gut, wenn jemand etwas empfohlen bekommt, weil er entsprechenden Bedarf hat. Die Empfehlung passt, ist eine Hilfe und wirkt somit positiv. Was geschieht mit so jemandem? Er wird Produkt, Unternehmen und dem Empfehlungsgeber immer positiv gegenüberstehen und allesamt weiterempfehlen. Glücklicher Kunde produziert glückliche Kunden – das ist wahre, wertvolle, nachhaltige Multiplikation!", erklärt Joachim Heberlein.

Eine Erkenntnis, die sich bei ihm manifestiert und auch ausgezahlt hat. Sie ist sein Teil vom großen Ganzen. „Natürlich wächst man mit der Zeit und mit seinen Zielen, auch weil die eigene Persönlichkeit sich verändert und ein Stück weit reift. Vieles ist Charaktersache, insbesondere in Bezug auf das Thema Geld. Aber eines wird wohl kaum jemand verleugnen können, der diese Erfahrung gemacht hat: So wichtig und bedeutsam Geld zu Beginn ist, weil man sich Dinge kaufen kann und sich Wünsche erfüllt, aber so unbedeutsam wird Geld dann, wenn man es hat bzw. mehr davon hat. Das hat bitte rein gar nichts mit Arroganz zu tun, sondern ist ein fast normaler Prozess im Mindset. Früher wollte man unbedingt den einen oder anderen Markenartikel haben. Heute, wo man ihn sich locker leisten kann, interessiert der einen gar nicht mehr. Eben, weil man sich auf dem Weg nach oben weiterentwickelt. Dagegen kann man sich kaum wehren – zum Glück!", bekennt der super-erfolgreiche Networker.

Glück – das passende Stichwort für sein Leitmotiv, das sich „Leadership by heart" nennt. Man könnte auch sagen: Führung auf die herzlich-liebe Art! Aber das ist mehr, als anderen gegenüber nur nett, freundlich und aufgeschlossen zu sein. Es ist mehr, als sich lediglich von seiner humanen, seiner besten Seite zu präsentieren. Vielmehr ist es ein essenzieller Bestandteil, um in die geschäftliche

Multiplikation zu geraten. „Menschen müssen mit sich zufrieden, froh und glücklich sein, aber nicht ihr Glück von anderen abhängig machen. Das ist der Kern der Botschaft, die ich seit etwa 2014 professionell in meiner Orga eingeführt habe. Also keine Abhängigkeit von der Lebenspartnerin oder dem -partner, weder von einer Führungskraft, einem Chef oder von einem materiellen Wunsch oder von einer Sachlage. Wer das erreicht hat, der wird strahlen wie die Sonne, und der zieht dann sowieso alles Glück der Welt an!"

INSPIRIERT VON SHAOLIN-MÖNCHEN UND EINER BEMERKENSWERTEN FRAU

„Leadership by heart" – kein esoterischer Schnickschnack, kein mentaler, spiritueller Hokuspokus oder gar eine eigene Philosophie. Mehr eine besondere, eine geistreiche Betrachtungs- und Verhaltensweise, entwickelt auf Basis der Lehren der Shaolin-Mönche und den damit verbundenen Möglichkeiten, die Kraft des eigenen Geistes einzusetzen und wirken zu lassen. Ausschlaggebend war eine Geschäftspartnerin in Norwegen, die vom Schicksal gebeutelt schien. Über 20 Jahre von chronischen Schmerzen gepeinigt, Herzinfarkt mit 33, Mutter von drei Kindern und zu guter Letzt auch noch vom Ehemann verlassen worden. Eine Schicksalsgeschichte, die nur das wahre Leben in seiner vollen Härte schreiben kann. Und dennoch – diese Frau schaffte es in nur 19 Monaten, die höchste Stufe im PM-Karriereplan zu erreichen. Wie kann das möglich sein? Ein Wunder? Glück? Übermenschlicher Wille? Joachim Heberlein wollte es genauer wissen und fand quasi sein Spiegelbild in dieser Frau. „All das, was sie gemacht hat, hat mich inspiriert. Genau das habe ich aufgenommen, wie sie mit anderen Menschen umgeht, wie sie schult … Keine Frage, ich habe in unserer Company alle Rekorde gebrochen und neue aufgestellt. Aber um das anderen zu vermitteln, braucht es eine gewisse Art von Brücke. Und das war die Frau aus Norwegen, von der ich mir so viel abschauen konnte. Das alles habe ich nur noch in Worte und in ein Konzept umgesetzt, und fertig war

‚Leadership by heart'!", legt Joachim Heberlein offen, der momentan in 52 Ländern dieser Welt aktiv ist und von dort aus Bestellungen erhält. Dabei ist die Quote bemerkenswert: Von 330 weltweiten Bestellungen wird nur eine wieder um- oder zurückgetauscht! „Auch ein Beweis, wie in meiner Orga gearbeitet wird. Niemand bekommt etwas empfohlen, was er nicht wirklich braucht. Denn was würde daraus resultieren? Jemand bekäme ein Paket, nimmt die Produkte ein und spürt keine Wirkung. Wie sollte er auch, wenn er fit und gesund ist? So jemand wäre unzufrieden und zwar völlig zu recht und wäre als Kunde kaum noch zu binden. Hat er aber einen realen Bedarf und bekommt von uns entsprechende Hilfe, die dann auch wirkt, dann wird er wahrscheinlich Kunde auf immer und ewig. So einen Menschen muss man nicht motivieren, sondern er wird über seine positiven Erfahrungen berichten. Und schon hören das wieder andere. So geht Vertrauen, so geht Empfehlen, so geht unser ehrliches Geschäft!"

NETWORK ERFÜLLT FÜR MENSCHEN EINE AUFGABE IN IHREM LEBEN

Vertrauen und Ehrlichkeit, gepaart mit der Einfachheit des Systems ergeben neben der schnellen und unkomplizierten Multiplikation der Geschäftspartnerinnen und -partner den kompletten Erfolg. Das zu erkennen, ist ein großer Schritt – auch in der eigenen Einstellung, die dann nicht mehr primär „money-driven" ist. Es ist Erfüllung und spendet Zufriedenheit, weil man eine Aufgabe bewältigt hat, anderen Menschen zu helfen, ihnen das Leben gesundheitlich, aber vielleicht auch beruflich verbessert zu haben. Joachim Heberlein vergleicht das sehr sinnig mit einer Investition in Kryptowährung. Ein Weg, um eventuell reich zu werden. Was sich dabei aber vermehrt, ist „nur" das Geld. Die Persönlichkeit bleibt auf der Strecke. Die wächst nicht mit, und es gibt auch kein wertvolles, sinnstiftendes Feedback von der anderen Seite. Ganz anders im Network-Marketing und speziell in seinem Metier. „Wir erfüllen eine Aufgabe im Leben, die eben auch erfüllend ist!"

So definiert sich auch seine individuelle Erfolgsformel: geben zu können, ohne Erwartungen zu haben. „Wer mit sich im Reinen ist, wer mit sich glücklich und zufrieden ist, der strahlt von innen nach außen. Und so versuche ich in meiner Organisation alle zum Strahlen zu bringen – mich eingeschlossen!", freut sich der sympathische Spitzen-Networker, der so gar nicht auf Zielsetzungen setzt.

Für ihn ist ein Punkt wesentlich entscheidender: Visionen zu haben und Zielvisionen zu planen. Denn für ihn ist eine Vision etwas, was man hier auf Erden einmal erreichen möchte. Wo und wie möchte man leben? Welche Persönlichkeit will man sein? Was für ein Magnet möchte man werden? Das alles endet in der besten Vision von einem selbst – was in der Frage endet: Wie kann ich das Beste aus mir herausholen, um das Bestmögliche aus mir zu machen? Ziele hingegen sind für ihn nur kleinere, singuläre Etappen, die in ihrer Gesamtheit dann das Bild seiner Visionen zeigen. „Wer ein Ziel hat und dieses erreicht, der erlebt eine Leere in seinem Leben, nämlich genau dann, wenn keine Vision dahintersteht ...!", sagt er.

Die Vision von Joachim Heberlein, zugleich Autor des Erfolgsbuchs „Young Generation Network-Marketing", ist offenkundig: seine Vision weiterzuleben und viele andere Menschen glücklich machen – auch durch Erfahrungsberichte ...

JOACHIM HEBERLEIN – spontan gefragt, spontan gesagt:

● **Mir ist Erfolg wichtiger als ...**
„... gar nichts. Denn Erfolg ist eine innere Erfüllung und darüber gibt es einfach meines Erachtens nichts Wichtigeres!"

● **Network-Marketing ist die Zukunft, weil ...**
„... es fair ist, für jeden eine Chance bietet, nicht auf Zeugnisse und Ausbildung achtet, sondern nur auf den einzelnen Menschen, von absoluter Gleichberechtigung lebt, und jeden, der fleißig ist, erfolgreich macht! Außerdem ist Network-Marketing für mich nicht nur ein bloßes System, sondern vor allem eine Vergütungsform, um diejenigen zu belohnen, die am fleißigsten sind, weil die auch am meisten verdienen!"

● **Mein wichtigster Rat an alle aktiven Networker lautet:**
„Mach alles, was du machst, mit einem guten Bauchgefühl ...!"

● **Mein wichtigster Rat an alle, die noch keine Networker sind, lautet:**
„Denkt über euer Leben, eure Ziele und über eure Visionen nach, dann wird jeder den Weg finden, der ihn glücklich macht!"

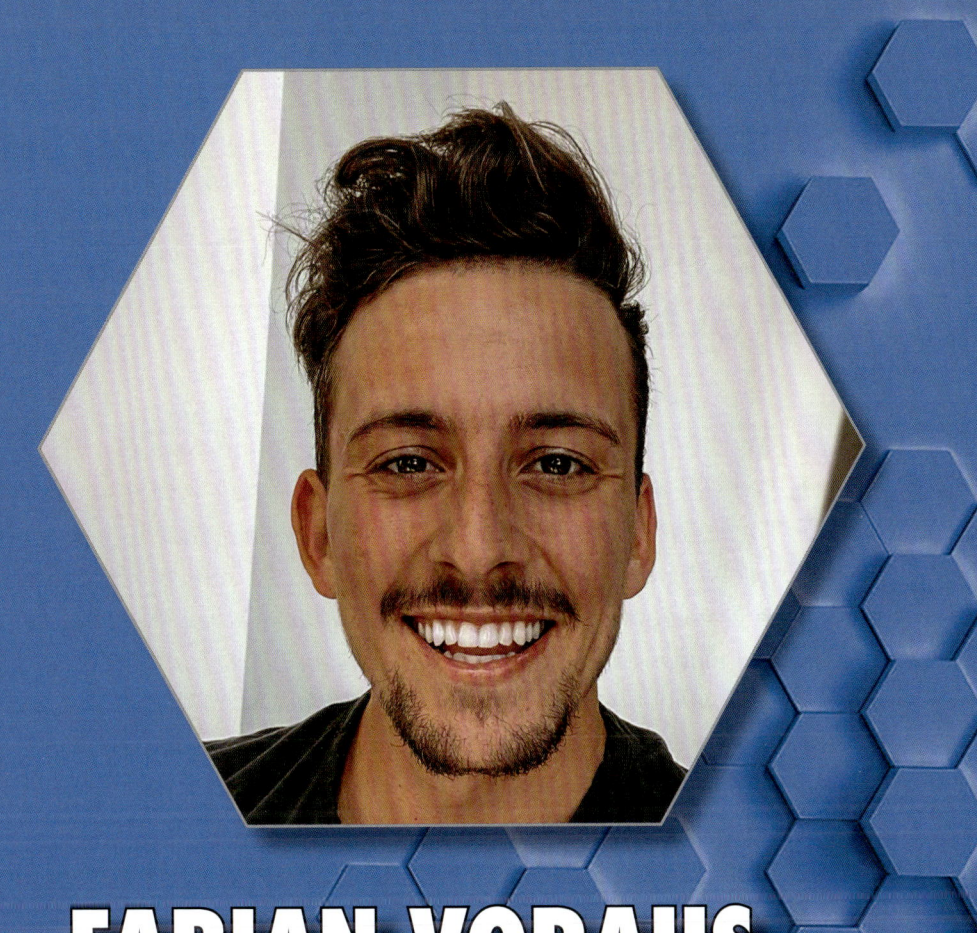

FABIAN VORAUS

Juice PLUS+

ERFOLGREICH SIND DIEJENIGEN, DIE GESUND UND GLÜCKLICH SIND

Von der Weltreise zurück ins Network-Marketing. So einen Trip haben sicherlich auch noch nicht wirklich viele erlebt, oder? Fabian Voraus aber schon! Und als ob das noch nicht kurios genug wäre, ist seine ganze spektakuläre Story beinahe schier unglaublich. Eine Expedition ins „beruflich-geschäftliche Abenteuerland", die ihn von einem Erfolgsgipfel zum nächsten führt. Und alles nur aus der klammheimlichen Angst heraus, vielleicht die Chance des Lebens zu verpassen. Anders kann er es sich selber nicht erklären, dass er mitten in der Nacht im australischen Outback vor seinem Camper mit dem Laptop auf den Knien saß und sich für das Network-Business begeistern ließ. Da staunten erst Australiens Kängurus und heute staunt die ganze Network-World, was aus diesem unorthodoxen Start geworden ist – nämlich eine erfrischende Young-Generation-Karriere mit hybridem Online- und Offline-Impact ...

Früher war es doch ganz normal, dass man nach der Schule eine Lehre oder ein Studium begann, um dann 35 – 40 Jahre lang der ersehnten Staatsrente entgegenzuarbeiten. Zwischendurch noch anfangs ein bisschen Spaß haben, dann heiraten, Kinder in die Welt setzen, allenfalls ein „Häusle" bauen und das war es dann ... Man darf getrost von einem vorhersehbaren Leben sprechen. Planbar, unspektakulär. Und wer es nicht so machte, der war mindestens Außenseiter oder Sonderling, wurde auf alle Fälle aber mit höchstem gesellschaftlichem Argwohn betrachtet. Zeiten ändern sich – Gott sei Dank! Neue Karrieren, andere Laufbahnen sind angesagt. Yes! Endlich! Die Young Generation macht es vor – ob nun die „Millennials", die „Digital Natives" oder die Generation Z. Alternativen zur herkömmlichen Arbeitswelt sind gefragt. Solche, die eben nicht nur viel Lebenszeit lediglich gegen zu wenig Geld tauschen. Umdenken muss sein, anders denken ist gefragt. Was bisher als normal, üblich und beinahe als unveränderbar hingenommen und akzeptiert wurde, wird mehr und mehr infrage gestellt. „Muss das wirklich so sein?" Und auch Fabian Voraus hatte diese grundlegende Erleuchtung, als er nämlich mit seinen beiden besten Kumpels nach dem Abitur auf Weltreise ging. Übrigens auch etwas, was vor 30 oder 40 Jahren noch so gut wie undenkbar war, nämlich mal eben eine einjährige Auszeit zu nehmen! Der junge Mann aus einem kleinen Ort nahe Stuttgart, behütet aufgewachsen und stets mit schwäbischer Mentalität „gefüttert", erkennt plötzlich in der großen, weiten Welt, dass die Uhren auch anders ticken können. „Ich sah, wie frei und froh die Menschen waren. Beispielsweise als wir in Australien landeten. Denen kommt es eben nicht nur auf den Job an, sondern auch auf die Freiheit und das eigene Lebensgefühl. Mir wurde unbewusst bewusst, dass ich eigentlich gar keine klassische Karriere, wie es in Deutschland üblich ist, machen wollte. Denn ich erkannte: Diejenigen, die in der Heimat erfolgreich sind, die haben zwar viel, aber eines haben sie nicht: Freiheit!", erklärt der schwäbische Network-Shootingstar, der mittlerweile in Zürich lebt, seine Überlegungen.

Mit dem Camper geht's gerade mitten durch die australische Wildnis, als er über Social Media eine Nachricht erhält. „Ich wurde kalt und ohne den Adressaten zu kennen, angeschrieben, wo man mir mitteilte, dass Unterstützung im Sport- und Gesundheitsbereich gesucht werde. Ich wusste absolut nichts damit anzufangen und hatte keine Ahnung, was mich erwarten würde. Aber, und das ist entscheidend, ich war total offen für Angebote und hatte tief in meinem Inneren sogar Angst, dass ich etwas verpassen könnte. Etwas, bei dem ich mich hinterher ärgern würde, dass ich eine Riesenchance nicht genutzt habe. Außerdem sah ich beim Surfen im Netz, was die Leute der Company meines Kontakts für einen Riesenspaß im Job hatten. Die Bilder allein schon sprachen für sich. Das sah unglaublich motivierend aus. Also ließ ich mich auf ein erstes Gespräch übers Internet ein. Was derjenige aber nicht wusste: Ich war zu der Zeit ja in Australien, und die Zeitverschiebung nach Deutschland beträgt immerhin acht Stunden. Egal, ich war schlicht und einfach neugierig. Also kletterte ich nachts gegen drei Uhr im Camper über meine Kumpels rüber, den Laptop unterm Arm und setzte mich in der finsteren Nacht unter unser Vorzelt – mitten in der Wildnis …!", lacht der Jung-Network-Star heute und fügt hinzu: „Verstanden von dem, was er mir dann anschließend erzählt hat, habe ich nicht wirklich etwas.

Aber ich habe mich dennoch eingeschrieben. Auch weil ich die Begeisterung meines Gesprächspartners gespürt und live erlebt habe, nämlich für das, was er gemacht hat. Vielleicht war das tatsächlich die Alternative zum klassischen Berufsleben? Ich wusste es nicht. Also wollte ich es herausfinden!"

MIT DEM HERZ ARBEITEN UND DEN KOPF AUSSCHALTEN

Zurück in Deutschland verdrehen die Eltern im Angesicht der „beruflichen Flausen" ihres Sohns in typisch elterlicher Manier die Augen. Klar, jede Mutter, jeder Vater will das Beste für die Kinder. Da sind die Eltern von Fabian Voraus keine Ausnahme und somit ist ihre wenig begeisterte Reaktion nur allzu nachvollziehbar. Was also folgt, ist die Aufnahme des Studiums der Sportwissenschaft an der Deutschen Sporthochschule in Köln. Aber: Parallel ist und bleibt der immatrikulierte Student aktiv im Network-Business. Dem Business, dem er sich noch während seines „Trip around the world" verschrieben hat und wo er ohne jegliche ernst zu nehmende Ausbildung oder Anleitung startet. Getrost dem Motto: einfach machen, Augen zu und durch. „Mein Sponsor hat mir im Grunde genommen kaum etwas gezeigt oder vorgeführt. Für mich stand fest: ‚Ich teile das mit anderen Menschen, was er mit mir geteilt hat.' Nicht mehr und nicht weniger. Darüber hinaus habe ich seine Geschäftspräsentation ins Englische übersetzt und habe, ohne wirklich zu verstehen, was die Aussagen und Inhalte waren, anderen das erzählt, was ich selber auch nicht so richtig im Kopf umgesetzt hatte. Einfach machen und loslegen …!", berichtet Fabian Voraus von seinen eher blauäugigen

Anfängen. Was ihm dabei sogar hilft: Er macht sich keine Gedanken, sondern lässt alles auf sich zukommen. „Ich habe mit dem Herz gearbeitet, nicht mit dem Kopf. Und das war absolut okay. Auch wenn ich dabei Dinge ausprobiert habe, die nicht immer funktioniert haben. Aber das wiederum ergab einen großen Lerneffekt, durch den ich nach und nach schnell erkannt habe, was geht und was nicht!"

Und was funktioniert? Begeisterung! Ein Gefühl, das immer echt ist. Eines, das man nicht vorspielen oder schauspielern kann. Ohne Expertise, ohne Fachwissen, aber mit innerem Feuer, mit Leidenschaft und vollem Elan steckt er auch andere an. „Mit meinem damaligen Wissen, mit meinem Aussehen und meinem Auftreten hätte ich niemals andere für mich und die Company gewinnen können. Aber meine ehrliche Begeisterung, die hatte es in sich. Der konnte sich kaum jemand entziehen. Ich war vor allem dabei authentisch, weil es sich mehr und mehr als das System entpuppte, was ich für mich seit meiner Weltreise immer gesucht hatte. Für mich war Network und Juice PLUS+ ein wahres Geschenk, was ich somit auch anderen weiterschenken wollte!", so der einstige Weltenbummler.

Insbesondere über den Web-Way und dabei allen voran über Social Media steuert er seine Anfänge. Das Business läuft online. Doch mit zunehmender Zeit, mit der stetigen Expansion seiner Organisation und mit permanentem Wachstum wird auch immer mehr Stabilität bedeutsamer. Und hier kommen wiederum die Offline-Aktivitäten ins Spiel. Es geht um eine ausgeglichene Balance beider Wege. „Sicherlich kann man sich leicht, schnell und gut online mit anderen Menschen connecten. Aber man wird niemals über diesen Weg eine emotionale Bindung zu ihnen aufbauen. Das geht mittel- und langfristig nur offline. Für mich ist der Onlinekontakt der Schritt mit dem linken Fuß nach vorn. Und was dann kommen muss, ist der Offlineschritt mit dem rechten Fuß. Würde man nämlich noch einmal einen Schritt weiter mit links machen, würde man sich im Kreis drehen. Ich glaube, ein ausgewogenes Verhältnis zwischen beiden Welten macht die hybride Verbindung zwischen On- und Offline-Aktivitäten sehr deutlich. Die Schnittstelle aus den Vorteilen von On- und Offline-Geschäft, und hierbei die Balance zu finden, das war auch unser wirklicher Schlüssel zum Erfolg. Weil wir so langfristig das Vertrauen unserer Kunden gewinnen, damit sie ebenso langfristig unsere Produkte nutzen. Und zeitgleich können sie so das Vertrauen in unsere Werte und in unsere Philosophie aufbauen!", macht Fabian Voraus deutlich, der in rund sechs Jahren knapp 3.800 Vertriebspartnerinnen und -partner für seine Orga aufgebaut hat. Kein Wunder also, dass er ebenso im Jahr 2020 die höchste Position des Karrieresystems von Juice PLUS+ erreicht hat und heute den Titel „Presidential Marketing Director" tragen darf. Damit gehört er nicht nur zu den jüngsten und erfolgreichsten, sondern ist auch ein Unikat. Denn den Titel „PMD" haben zwar auch andere schon erreicht, aber im Jahr 2020 war er der Einzige seiner Company, der in Deutschland, Österreich und der Schweiz an dieses Ziel gelangte.

Wow, was für eine Performance für jemanden, der anfangs nicht wusste, worauf er sich überhaupt einlässt, der das Business nicht wirklich gleich verstanden hatte und der völlig ohne Plan ans Werk ging. Auch das ist wieder ein Beweis dafür, was machbar und möglich ist, im Network-Marketing – und nur hier. Der „Reason for success" liegt sicherlich zum einen an dem Glauben, den er an sich selbst und sein Geschäft hat. „Ich bin nicht nur zu 100 Prozent überzeugt, sondern ich bin vor allem mir selber absolut treu. Denn ich stehe zu meinen Stärken und zu meinen Schwächen!" Zum anderen hat er sich und dem Geschäft die nötige Zeit gegeben, sich zu entwickeln und es sich entwickeln zu lassen. Extrem wichtig, weil man ansonsten bei zu großem Druck und zu großer Eile die ersten kleinen Triebe und Sprossen einer keimenden „Erfolgspflanze" sofort wieder abtöten und ersticken würde. „Na klar bin ich aus primär monetären Gründen gestartet. Weil ich hoffte, das könnte auch ein Vehikel zu mehr Freiheit sein. Im Laufe der Zeit aber habe ich die noch viel tiefere Mission von Network-Marketing generell, aber ebenso von den Produkten meiner Partnercompany verstanden. Damit hat sich in mir der feste Glaube manifestiert, dass wir die Welt nachhaltig wirklich verbessern können. Genau davon möchte ich ein Teil sein. Daran möchte ich mitbauen. Somit habe ich heute ebenso das Vertrauen, dass sich der finanzielle Aspekt ganz von alleine erfüllen wird. Das ist ein zwangsläufiger Automatismus. Aber genau dieses werteorientierte Arbeiten ist ein wesentlicher Grund, warum mir andere nachfolgen und wir sehr eng mit anderen Sidelines arbeiten. Und wir haben eine sehr geringe Fluktuation in unserem Team, weil wir eine feste, ehrliche und nachvollziehbare Philosophie haben – und vor allem leben. Das ist eine Werte-Basis, die so stark ist, dass wir Raum für beinahe jeden bieten. Vom Networker über jemanden, der nur seine Kunden betreut und selber ein Team aufbaut bis zum Selbstnutzer. Jeder hat mit diesen Werten bei uns Platz! Zu guter Letzt ist da noch das eigene Vertrauen in sich, immer und in jeder Lage wachsen zu können. Nicht mehr aufhaltbar zu sein. Egal, was passiert, ich werde immer eine Lösung finden und über mich hinauswachsen. Das weiß ich heute, weil ich es selber spüre und schon erlebt habe. Darum bin ich auch bereit, den Preis zu zahlen, denn ich weiß, nach jeder gefundenen Lösung bin ich noch stärker als zuvor!", beteuert der neue Stern am Network-Marketing-Himmel, der von sich sagt, dass vor allem seine Empathie für andere seine Stärke sei, mit der er Blockaden im Kopf anderer lösen kann. Und wie steht's um seine Schwächen? „Ich wollte gerade zu Beginn meiner Network-Laufbahn meine Unsicherheit, die ich hatte, weil ich kaum Ahnung von Geschäft besaß, verstecken. Das war ein Fehler, denn beim Überspielen dieser Unsicherheit verlor ich meine Authentizität. Es ist eine Schwäche, keine Schwäche zu zeigen, und zugleich ein großes Learning für mich, weil ich heute offen und geradeaus bin, es auch sage, wenn ich mal nicht so gut drauf sein sollte ...!"

Kaum vorstellbar, denn Fabian Voraus wirkt wie ein echter Sunnyboy, jemand, dem die Sonne permanent aus den Ohren zu scheinen vermag. Auch, wenn er davon schwärmt, wie er seine Geschäftsphilosophie definiert: „Wir haben in unserem Team die Kultur, das Produkt vom Produkt zu sein. Dabei heißt unsere Mission ‚Inspiring healthy living around the world', die wir selber leben und vorleben. Denn für mich basiert alles auf den drei großen Bs – Business, Body and Brain. Und wer eine gute Gesundheit besitzt und dies auch lebt, der hat zugleich viel mehr Energie in allen anderen Bereichen. Daher fokussieren wir uns wirklich selber darauf, dass wir trotz unseres enormen Arbeitspensums und Engagements unsere Gesundheit hegen und pflegen. Indem wir das tun, ziehen wir überaus viele Kunden an, die uns, unsere Gesundheit, unseren Lifestyle inspirierend finden. Das ist der authentischste Weg, um viele Endkunden ehrlich zu begeistern. Mein Ziel dabei ist es, wenn jemand anfängt, unsere Produkte zu nutzen, dass er sich auch unserer Lebenskultur anzuschließt. Das ist ein perfektes Bindemittel. Und zwar in zweifacher Hinsicht. Zum einen konzentrieren wir uns so stark auf den Kunden und auf seine Bedürfnisse, dass er eine Erfahrung erlebt, die er noch nirgends bekommen hat. Wir gratulieren zum Geburtstag, wir schenken ihm Anerkennung, wir geben ihm Recognition, Expertenrat – mehr Support geht nicht. Das führt letztendlich dazu, dass die Kunden aufgrund der Bindung unsere Produkte auch langfristig nutzen. Und zwar anfangs aus Begeisterung und nachfolgend ein Leben lang aus dem Verständnis für sich und für die eigene Gesundheit heraus. Oder wir geben ihm andererseits die Möglichkeit, seine Produkte durch ein paar Empfehlungen zu refinanzieren, eben weil er so tolle Erfolge hat und begeistert ist, und so Teil von unserem Team zu werden …!", erläutert Fabian Voraus seine Mission. Bedeutet: ein übergewichtiger Raucher mit täglicher Freude am Bier hätte in dem Team keine Chance? Oh doch – indem ihm geholfen wird, den gesunden Weg des Lebens einzuschlagen. Dies durch die Implementierung einer gesunden Gewohnheit, die dann gegen eine ungesunde ausgetauscht wird. Ein Prozess, der so lange dauert, bis der- oder diejenige – auch aus Gründen der Glaubwürdigkeit – dann letztendlich zum Team passen würde.

Übrigens: Heute sind die Eltern von Fabian Voraus mehr als stolz auf das, was ihr Sohn erreicht hat. Zu Recht. Sie freuen sich darüber, dass er gesund, glücklich und extrem erfüllt ist. Von diesem Lebensgefühl will er wiederum anderen etwas abgeben, was er selbst als seine wichtige Aufgabe betrachtet. Es geht ihm langfristig nicht darum, was andere haben oder sind. Auch nicht im Social-Media-Bereich, wo vieles mehr Schein als Sein ist. Er ist sich sicher, dass der Trend Richtung Authentizität geht. Viel wichtiger, als seinen mit Filtern gepimpten Body zu zeigen, ist es, als echter Mensch endlich in Erscheinung zu treten und anderen ein gutes Gefühl zu geben. Genau das will er, und das wird Fabian Vorher auch schaffen. Weil Ehrlichkeit immer siegt – erst recht im modernen Network-Marketing der Young Generation.

FABIAN VORAUS – spontan gefragt, spontan gesagt:

● **Mir ist Erfolg wichtiger als …**
„… Misserfolg …!"

● **Network-Marketing ist die Zukunft, weil …**
„… es ein immer größer werdendes Problem in der Wirtschaft löst. Nämlich die wachsende Lücke zwischen stationärem Handel und E-Commerce zu füllen!"

● **Mein wichtigster Rat an alle aktiven Networker lautet:**
„Schalte den Kopf aus und dein Herz an, und fang einfach an zu machen …!"

● **Mein wichtigster Rat an alle, die noch keine Networker sind, lautet:**
„Fokussiere dich mehr auf die Chance als auf die Angst, dass es für dich nicht klappen könnte …!"

STEFFEN & FELIX PATZER

LR HEALTH & BEAUTY

FAMILY-BUSINESS AUF BASIS VON VERTRAUEN & GEGENSEITIGEM RESPEKT

Es ist noch nicht all zu lange her, da hatte der Begriff eines Familienunternehmens den leicht faden Beigeschmack von Dynastie, Abschottung und einem Hauch von Spießigkeit. In einer Branche wie Network-Marketing, wo ohnehin die Uhren anders ticken und wo es en vogue ist, neue Wege zu gehen und eben nicht dem Mainstream zu folgen, bekommt auch die eben erwähnte Begrifflichkeit eine völlig neue Bedeutung. Wesentlich verantwortlich für diesen charakterlichen Sinneswandel inklusive inspirierender Außenwirkung sind Steffen und Felix Patzer, „karrieremäßige Leuchtkometen" am LR Health & Beauty-Himmel, die mit ihrem „Family-Business" der eher außergewöhnlichen Art zu immer neuen bemerkenswerten Erfolgsufern aufbrechen. Dabei stehen neben Zusammenhalt und Verlässlichkeit insbesondere Vertrauen, gegenseitige Motivation und das einheitliche Ziehen an einem Erfolgsstrang für ein fast einzigartiges Unternehmensgefüge innerhalb der Network-Branche. Hier haben es Felix und Steffen gemeinsam mit ihren Frauen geschafft, ein erfolgreiches Team aufzubauen. Wer die gebürtige Thüringer Familie erlebt, der stellt sofort fest: Sie ist authentisch, weil sie Authentizität lebt und vorlebt. Sein statt Schein! Keine Inszenierung, sondern ausgestrahlte Ehrlichkeit, die auf eine erfrischende Art und Weise anzieht. Wenn Felix Patzer von Familie spricht, dann ist das eine Liebeserklärung an mentale und emotionale Gemeinsamkeiten. Man *spürt die Geborgenheit, in der man sich wohlfühlt, die Sicherheit wie auch Empathie schenkt. Spricht man mit ihren Führungskräften, spürt man sofort, dass Teamgeist, Loyalität, gegenseitiger Respekt, gute Beziehungen und Menschlichkeit im Vordergrund stehen.*

Vorgezeichnet war dieser Weg nicht und vieles davon hätten sich Vater und Sohn Patzer wahrscheinlich vor einigen Jahren selbst nicht träumen lassen. Damals, als Felix noch aktiv Fußball in der Junioren-Bundesliga spielte und als Organisator der Innenverteidigung seinem Traum als Fußballprofi nachging, beobachtete Vater Steffen als Fußballmanager des gleichen Vereins aus der Vereinszentrale das sportliche Leistungsstreben seines Sohns. „Immer ganz nah und doch so fern", wie es Felix Patzer beschreibt. „Eine Situation, die mich als Jugendlicher permanent begleitete. Denn meine Eltern taten alles, was in ihren Kräften stand, um mir ein gutes, wohlbehütetes Leben zu ermöglichen. Sie arbeiteten Tag und Nacht, waren extrem engagiert, hatten aber andererseits auch kaum Zeit für mich. Mein Vater als Vereinsgeschäftsführer, in dem ich kicke, meine Mutter Studienrätin an der Sport-Elite-Schule, wo ich mein Abitur machte. Im Grunde genommen erhöhte diese Konstellation sogar noch den auf mir lastenden sportlichen und schulischen Leistungsdruck. Vielleicht kennt der eine oder die andere das: Um den eventuell entstehenden Eindruck von Bevorteilung zu vermeiden, wurde ich meist sogar noch strenger bewertet. Am Ende hatte es ja nicht mal etwas mit den Eltern zu tun. Das, was meine Eltern taten, taten sie aus Liebe und prägten mich mit Fähigkeiten, die heute als Erfolgsgrundlage dienen …", resümiert Felix Patzer lächelnd.

DAS LEBEN IST KEIN WARTEZIMMER

Ein unverschuldeter Verkehrsunfall, den der aufstrebende Junioren-Fußballer erlitt, änderte das Denken der Familie Patzer. Schwer verletzt im Krankenhaus eingeliefert, sitzen Minuten später seine Eltern voller Angst und Sorge um ihren Sohn im Wartezimmer der Notaufnahme, und ihre Gedanken kreisen: „Hoffentlich kommt er durch! Wird er wieder gesund? Haben wir genügend Zeit miteinander verbracht und vor allem mit Dingen verbracht, die uns als Familie wichtig sind?" Doch längst bekannte Erkenntnisse wurden ihnen plötzlich so dermaßen bewusst: „Jeder hat nur ein Leben! Was machst du also daraus, und was bedeutet uns denn wirklich Gesundheit und Zeit?" Vater Steffen verlässt Monate später das Fußballgeschäft, um mit drei Geschäftspartnern und einer Millioneninvestition eine Fitness- und Event-Arena zu gründen. Im Hinterkopf die Idee, ein bleibendes, solides Business aufzubauen, an dem auch Sohn Felix in Zukunft partizipieren sollte und somit später in die Fußstapfen des Vaters tritt. Und damit das Geschäft zu florieren beginnen kann, engagiert sich die ganze Familie mit dem Ergebnis: noch mehr Verantwortung, noch mehr Arbeit – und noch weniger Zeit.

Eine kraftraubende Mühle ohne wirklichen Verbesserungseffekt. Eine Tatsache, die auch Felix hautnah spürt, da er seine Eltern nun noch weniger zu Gesicht bekommt. Ein Gesamtzustand, der nicht ohne Folgen bleibt. Denn was zu viel ist, ist zu viel – so sehr, dass Iris Patzer stressbedingt mit einem Herzinfarkt ins Krankenhaus eingeliefert wird. Wie in einem Déjà-vu sitzt Felix nun im Wartezimmer der Notaufnahme und später am Bett seiner Mutter. Eine professionelle Erstversorgung und anschließende Operationen retten ihr Leben! „In dieser Situation wurde mir klar: Ich will finanziell auf gesunden Beinen stehen und die Vorteile eines wirtschaftlich gesicherten Lebens haben, wie es meine Eltern bis dato geschafft hatten. Aber ich wollte auf keinen Fall den Preis der Gesundheit zahlen. Dafür aber erheblich mehr Freizeit und Freiheit erleben. Familie, Freunde, Hobbys – damit wollte ich meine Zeit verbringen, und zwar so oft und so viel, wie ich es will und nicht wie es mir die Arbeit mehr oder weniger vorschreibt. Und ich fasste den festen Entschluss, dass ich meinen zukünftigen Kindern nah sein will – trotz engagierter Arbeit!", erläutert der heutige LR-Top-Leader seine damalige Gedankenwelt.

DAS BUSINESS KAM ZU UNS, NICHT WIR ZUM BUSINESS

Eine klare Vorstellung, für die bis dato jedoch die Lösung fehlte. Diese kam dann kurze Zeit später – und das eher ungeplant. Ein Mitglied aus dem Fitnessstudio sprach Steffen an, dass ein Vortrag zum Thema „Gesund werden, gesund bleiben aus der Kraft der Natur, ohne Chemie und Nebenwirkungen" in den kommenden Tagen stattfinden würde. Und er bot an, Tickets zu besorgen. Kurz darauf saß Iris mit einer Freundin in einem Gesundheitsvortrag, wo es um Übersäuerung, Stoffwechselerkrankungen, gesunde Ernährung und die Wirkung von Aloe vera ging. Ein wichtiger erster Schritt hin zu einem neuen Leben, was ihnen jedoch erst später bewusst werden sollte. Eins spürte Mutter Patzer sehr schnell: Durch die Einnahme der Produkte wurde der Genesungsprozess deutlich verkürzt, und sie konnte auf verschiedene Medikamente verzichten. Ein Fakt, der der gesamten Familie großes Vertrauen in die LR-Produktwelt brachte. „Ich kann mit Überzeugung sagen, dass wir nicht auf direktem Weg zum Geschäft gekommen sind, sondern durch das Vertrauen in die Produkte sind wir schließlich zum LR-Geschäft gekommen!", betont Felix Patzer.

Der eigentliche Start im Business erfolgte also eher in Slow Motion. Denn es dauerte noch gut ein Jahr, bis Felix Patzer einen Artikel in einem LR-Magazin liest – kurioserweise in einem, das schon Monate im Haus der Familie herumlag. Dort las er, wie sehr sich der Besuch eines sogenannten Starter-Seminars lohnen würde. Geld verdienen, Bonusfreischaltung für Provisionen, diverse Vorteile genießen, und man kann sich einen Mercedes erarbeiten! Für den damals Ende-17-Jährigen eine mehr als passende Verlockung. Zusammen mit seiner Mutter, die er in gekonnter Sohnemann-Manier überredet, besuchen beide das Seminar. „Am Ende der Veranstaltung haben wir uns gesagt, wenn nur zehn Prozent von dem, was uns heute an Möglichkeiten erklärt wurde, wahr ist, dann passt das für uns. Sprich: Wir sind dabei!", berichtet Felix Patzer und lacht: „Bei meinem Vater hat unser Entschluss eigentlich nur Kopfschütteln ausgelöst. Und das vor allem deshalb, weil er in seiner Zeit als Fußballmanager immer wieder mit diversen Marketing-Angeboten von Network-Companies zu tun hatte und dabei eher Skepsis entwickelte, als darin Chancen zu erkennen. Heute wissen wir, dass es weniger an den Firmen lag, sondern einerseits daran, dass er durch sein 24/7-Arbeitspensum den Kopf dafür gar nicht freihatte und andererseits am amateurhaften Verhalten einzelner Hobbynetworker …!"

Und wie so oft beim Start in die aufregende Welt des Network-Marketings liefen alle Bemühungen, trotz riesigem Enthusiasmus und zunehmender Begeisterung, ins Leere. „Niemand, dem ich das Geschäft voller Hingabe und Schwärmerei präsentierte, machte mit. Es war zum Haareraufen. Also holte ich mir Hilfe bei einem LR-Präsidenten. Und der deckte meinen Fehler schnell auf. Denn in allen Gesprächen, die ich bis dahin geführt hatte, erklärte ich anderen, warum sie mitmachen sollten, damit ich mein Leben verändern könnte. Das hatte natürlich keine Aussicht auf Erfolg. Denn im Network geht es immer um den anderen, nicht um einen selbst. Es geht vielmehr darum zu zeigen, dass andere einen Mehrwert aus diesem Geschäft haben. Mit dieser Erkenntnis wendete sich das Blatt. Denn bei der nächsten Person, der ich unser Business vorstellte, klappte es sofort. Zugleich jemand, aus dem heute eine großartige Führungskraft geworden ist …!", freut sich der Networker, der inzwischen auf eine gut siebzehnjährige Erfahrung zurückblicken kann.

Entscheidend ist dabei immer wieder für Felix, die bemerkenswerten Möglichkeiten des Geldverdienens nicht in den Vordergrund zu stellen. Geld ist hierbei „nur" Mittel zum Zweck. Hingegen ist die Art und Weise, wie das Geld verdient wird, die Triebfeder für Felix Patzer. Nämlich mit der Freiheit und gleichzeitigen Unabhängigkeit eines individuellen Time-Managements, dass ihm stets den nötigen Freiraum lässt, um die Familie als kraftspendende Gemeinschaft zu erleben. Denn Familie ist seine Energiequelle, seine mentale Tankstelle, seine emotionale Ladestation.

„Wenn du einen Zauberstab hättest, der es dir ermöglicht, sofort Dinge in deinem Leben zu verändern – was wäre das?" Eine Frage, die Bedürfnisse anderer aufdeckt und enttarnt, zugleich aber auf die Lösungsmöglichkeit durch Network-Marketing geschickt hinwirkt und von Felix Patzer mit viel professioneller Empathie eingesetzt wird. „Ich lerne Menschen kennen und komme mit ihnen aus einem wesentlichen Grund zusammen, nämlich um dann auch mit ihnen zusammen zu bleiben. Network-Marketing ist ein Geschäft, das auf langfristige persönliche Bindungen abzielt. Und das ist nur erreichbar, wenn man gemeinsame Interessen verfolgt. Es geht um das Prinzip von Geben und Nehmen. Insofern gebe ich auch im ersten Gespräch so einiges über mich preis, wie meine Situation früher war, welche Unzufriedenheit in mir war und wie unser Business die Lösung für meine Bedürfnisse liefert, um im Nachhinein über mein Gegenüber etwas zu erfahren. Könnte unser Geschäft eine Hilfe für ihn sein? Wenn ja, biete ich es ihm an. Wenn nicht, werde ich es ihm sicher nicht aufdrängen, da es in meinen Augen keinen Sinn macht, weil halt kein Bedarf vorhanden ist. Dann mache ich ihn lieber zum Fan und Nutzer unserer Produkte ...!", analysiert Felix Patzer mit all seiner großartigen Professionalität.

Eine Offenheit und Ehrlichkeit, die in ihm und beim Gegenüber Vertrauen erzeugt. Sicher ein Kern seines Erfolgs. Sein Wort hat Bestand, aufgebautes Vertrauen wird zunehmend gefestigt. Ein Weg, der überzeugt und zu guter Letzt damals auch seinen anfangs skeptischen Vater, der miterlebt, wie sein Sohn mit effektivem Zeiteinsatz und geringerem Aufwand Umsätze generiert, wie er es aus der freien Wirtschaft und von sich selbst mit einer teilweise 80-Stunden-plus-Woche, Verzicht auf Hobbys und Erholung und einem Invest-Risiko kennt. Plötzlich keimt in Steffen ein Entschluss: „Als einer der Hauptgesellschafter steigt mein Vater aus der Fitness- und Event-Arena aus, um mit mir gemeinsam das LR-Geschäft weiter aufzubauen. Gelingt das, sollten wir in drei Jahren an einem Punkt sein, dass wir beide hauptberuflich von diesem Business gut leben können. Und genauso ist es dann auch gekommen!"

IN DER FAMILIE ENTSTEHEN
NEUE SICHTWEISEN UND AUFBRUCHSTIMMUNG

Die Entscheidung von Vater Steffen, seinen Berufsweg und das klassische Unternehmerdasein zu verlassen, war der Wendepunkt und zugleich ein markanter Moment im Leben der Familie Patzer – raus aus dem berüchtigten Hamsterrad, rein in die selbstständige Network-World mit allen Freiheiten – auch in zeitlicher Hinsicht. Oberste Priorität also: ZEIT!

Zeit für Familie, für Reisen, Urlaube und gleichzeitig absolut zeiteffektiv den vollen Fokus auf zielführende Aktivitäten im nunmehr gemeinsamen Business. „Natürlich sieht man mich im Bereich Social Media verstärkt, weil diese Aktivitäten mehr meinem Alter entsprechen. Aber das professionelle Engagement, die Stärken meiner Eltern, die viel für den Zusammenhalt und für die Nähe im Team sorgen, die erfrischend mit anderen Sichtweisen und Ansätzen unsere Teampartner und die Teamkultur fördern, das ist extrem wertvoll!", macht Felix Patzer eindrucksvoll deutlich.

Vater, Mutter, Sohn – so war der Start im Family-Business, und mit Felix' Frau Denise kam ein weiterer Erfolgsgarant hinzu. Als Tochter eines früheren Profi-Fußballers zog sie mit ihrer Familie rund 12 Mal um. Ein Umstand, den das Fußballgeschäft nun einmal mit sich bringt. Ein gefestigtes Leben, freundschaftliche Bindungen, enge emotionale Beziehungen – bei diesem Lifestyle nahezu unmöglich. Umso größer war das innere Verlangen nach einem eigenen harmonischen Familienleben mit Mann und Kindern. Schnell entdeckt sie durch den Lebens- und Arbeitsstil von Felix die Vorzüge des LR-Business und erlebt mit Begeisterung die Qualität und Wirkung der Produkte am eigenen Körper. „Denise ist ein äußerst gefühlsbetonter Mensch und schafft es über ihre Emotionalität, andere für das LR-Business zu begeistern. Viele heutige Führungskräfte sind durch sie im Network-Marketing gestartet. Sie hat den wesentlichen Impuls auf der Herzebene bei ihnen ausgelöst. Somit ist sie das vierte Puzzleteil von einem großen Ganzen. All das macht uns als Familien-Unternehmen wiederum auch so besonders. Wir sind vier verschiedene Charaktere mit dem gemeinsamen Ziel, das Leben vieler unterschiedlicher Menschentypen positiv verändern zu können. So etwas lässt sich nicht schulen …!", erläutert Felix, der von sich behauptet, mit seinem persönlichen Umfeld geradezu gesegnet zu sein. Ein wichtiger Faktor, weiß man doch, dass die größte Karriere- und Erfolgsbremse bei anderen gerade dort zu finden ist, nämlich im eigenen Umfeld.

KONTINUITÄT IST WICHTIGER ALS TRÄUMEN IN SUPERLATIVEN

Der Wille war da. Das fachliche Know-how wuchs kontinuierlich. Und das persönliche Umfeld war perfekt. So konnte ein damals 17-Jähriger doch ziemlich locker durchstarten, oder? Felix Patzer lacht: „Mit meinen Erfolgen beim Sponsern anderer Geschäftspartner ging es ja auch voran, doch in meiner jugendlichen Ungeduld andererseits nie schnell genug. Ich selber war immer der Ansicht, dass ich stets zu wenig Kontakte hatte, zu wenig Präsentationen machte – kurzum war im Grunde immer mehr möglich. Aus heutiger Sicht muss ich schmunzeln. Man, was habe ich mich damals bloß selbst verrückt gemacht. Ich habe bis heute etwa 2.000 Menschen auf unser Geschäft angesprochen ... und mir dabei etwa 1.200 Abfuhren abgeholt. Die anderen waren zumindest bereit, sich alles einmal anzuhören. Und davon hat rund die Hälfte wiederum gesagt, dass es für sie interessant sein könnte. Diese Zustimmung kam oft sofort, mal nach einem Tag, mal nach einem Monat und manchmal auch erst nach einem Jahr. Das bedeutet, im Schnitt waren das auf 17 Jahre etwa zwei erfolgreich gesponserte Partner pro Monat, die ich selber gewonnen habe. Ja, stimmt, hört sich vielleicht für manchen Networker-Kollegen nicht viel an. Aber es hat andererseits bei mir gereicht, um dahin zu kommen, wo ich heute bin. Wäre mehr möglich gewesen? Ja! Und es wäre alles auch noch schneller gegangen. Bin

ich deshalb unzufrieden? Nein! Warum auch? Ich habe in der Mitte meines Lebens mein großes Ziel erreicht. Dafür habe ich 17 Jahre gebraucht. Das gibt mir heute ein gewisses Maß an innerer Ruhe und Gelassenheit für meine Zukunft. Auch für die Zukunft meiner Familie. Wir setzen dabei auf Kontinuität und bleiben uns, der Familie, dem Unternehmen und unseren Teampartnern treu!", resümiert der familienaffine Profi-Networker rückblickend …

Für Felix Patzer steht fest: Familie und die Kraft, die man aus dieser engen Einheit zieht, war noch nie so wertvoll wie heutzutage. Daher ist er auch davon überzeugt, dass ein Family-Business ein modernes Geschäftsmodell innerhalb der Network-Marketing-Branche mit großen Zukunftsperspektiven ist. Denn es wirkt als Energiequelle für alle Beteiligten. Zugleich ist es ein leuchtendes Beispiel für Wertedenken wie Teamkultur, Respekt, Dankbarkeit, Anerkennung, Ehrlichkeit, Chancengleichheit, Authentizität und vor allem eine generationsübergreifende Gemeinschaft. Man möchte fast fordern: Bitte mehr davon!

FELIX PATZER – spontan gefragt, spontan gesagt:

● **Mir ist Erfolg wichtiger als …**
„… zu wenig davon zu haben. Doch, hast du mal keinen Erfolg, dann lernst du dazu. Mit dieser Einstellung wirst du nie verlieren!"

● **Network-Marketing ist die Zukunft, weil …**
„… es das Geschäft ist, das auf Werten basiert, die zunehmend in der Gesellschaft verloren gehen – global, politisch und zwischenmenschlich –, aber im Network-Marketing hingegen die Grundlage für langfristigen Erfolg sind!"

● **Mein wichtigster Rat an alle aktiven Networker lautet:**
„Du musst nicht unbedingt der Schnellste, der Beste oder der Klügste sein, sondern sei derjenige, der bereit ist, seine Ziele konsequent zu verfolgen, dran bleibt und durchhält!"

● **Mein wichtigster Rat an alle, die noch keine Networker sind, lautet:**
„Ruft mich einfach an, oder schreibt mir auf Instagram …!"

DORO FUSENIG

JEUNESSE unityglobal

POSITIVE BESESSENHEIT IST DER FAKTOR, UM IMMER NOCH BESSER ZU WERDEN

Was für eine Frau! Diese Power-Lady ist eigentlich unbeschreiblich. Nein, sie ist besser gesagt beinahe zu schade, um „nur" beschrieben zu werden. Doro Fusenig muss man erlebt haben. Sie ist die Inkarnation positiver Energie! Dabei besitzt sie eine Strahlkraft, dass jedes Kernkraftwerk vor Neid erblassen könnte. Bei ihr besteht darüber hinaus höchste Ansteckungsgefahr – mit guter Laune, mit Tatendrang, mit fühlbarer Motivation. Kein Wunder, dass sie als Vollblut-Networkerin andere regelrecht wie ein Magnet an sich zieht, an sich bindet und sie dann wie ein reißender Strom voller Lust auf Erfolg und mit einem Lächeln, gegen das kein Kraut gewachsen zu sein scheint, einfach mitreißt. Mit in einem wilden Strudel voller geschäftlicher Lebenslust, mit Emotionen und mit einer faszinierenden Aura, die einfach nur auf andere überschwappt. Man merkt es ihr an: Doro Fusenig liebt Menschen und weiß daher auf sie zuzugehen. Das hat sie schon immer gemacht, denn die Network-Queen erlebt und genießt gerade ihre zweite Karriere. Doch auch beim ersten Mal hat sie es nach ganz oben geschafft. Damals, als sie noch ihr Hobby Aerobic zum Beruf gemacht hatte und mit all ihren beschriebenen Eigenschaften zu einer der populärsten Aerobic- und Step-Presenter sowie -Trainerinnen dieser bunten, aktiven Szene wurde. Sie rockte damals schon alle Fitnessbühnen der Republik, tanzte quirlig durch die Zuschauermengen auf den Sportmes-

sen und animierte andere zum Mitmachen wie keine Zweite. Aber auch sie erkannte: Spaß im Job ist gut, aber wenn die Perspektiven nicht ausreichen, ist die Karriere endlich – insbesondere in finanzieller Hinsicht. Das erkannte auch sie – und handelte.

Heute ist „Power-Doro" eine bewundernswerte Multitask-Frau, die nicht nur liebevolle Ehefrau und zweifache Mutter ist, sondern ebenso Regie in ihrem geschäftlichen Leben führt. Dass von Freiheit bestimmt, von positiver Schaffenskraft geprägt und von nicht alltäglicher Karrierelust getrieben wird. Wenig überraschend, dass daher auch purer Erfolg der mehr als verdiente Lohn ist.

So ist es zudem kein Wunder, dass die gebürtige Polin nur ein Wort als Antwort gab, als man ihr das Geschäftsmodell Network-Marketing präsentierte: ja! Einfach nur ja. Ein Ja, das in diesem Moment zugleich der Startschuss für eine fulminante zweite Karriere werden sollte. Ein Aufstieg in bisher ungeahnte Höhen und Dimensionen, zugleich aber auch die Realisierung der eigenen Träume, Wünsche und Sehnsüchte. „Warum muss man immer das Haar in der Suppe suchen, selbst wenn keins da ist? Muss ich mir denn immer jeden noch so schönen und glücklichen Moment selber zerstören, nur weil ich negativ gepolt bin und stets das Schlechte erwarte? Nein, das muss man eben nicht und ich erst recht nicht. Als ich Network-Marketing kennenlernte bzw. vorgestellt bekam, da wusste ich sofort: Das ist es. Das ist haargenau das, was zu mir passt und was ich insgeheim immer gesucht habe. Eine Suche nach etwas, was ich bisher nicht einmal kannte, war damit beendet. Hallo Network-Marketing, hier bin ich, und jetzt geht's los … So ungefähr schoss es mir in diesem Moment durch den Kopf. Denn dieses Geschäft brauchte genau alles, was ich habe. Lust auf Menschen, Liebe zu Menschen, Freude an der Kommunikation, Spaß am Teamwork, Freiheit, Selbstbestimmung, Grenzenlosigkeit, Unabhängigkeit und hervorragende Produkte und Qualitäten ... ich könnte ewig so weitermachen. Dieses Business verkörpert alles, wofür ich stehe und was ich bin. Nein, da musste ich nicht nachdenken, ob das was für mich ist. Network-Marketing ist Doro Fusenig in Reinkultur und somit mir fast maßgeschneidert auf den Leib genäht!", lacht diese unglaublich sympathische Networkerin herzlich.

Schnelle klare Zustimmung aber auch, weil sich die lebenshungrige Frau damals auf der Suche befand. Dies im Bewusstsein, das Leben umkrempeln zu wollen, weil sie als junge Mutter wusste, so wie es gerade läuft, kann und soll es nicht weitergehen. „Ich habe Aerobic geliebt, hatte dort meine Bühne und war in der Fitness-Szene wirklich bekannt, um nicht zu sagen ein Star. Aber als ich parallel eine Familie gründete, spürte ich die Veränderung. Ja, ich hatte eine Familie dazugewonnen, aber dennoch auch ein Stück von mir selber aufgegeben. Plötzlich hatte ich keine Möglichkeit mehr, meine Message loszuwerden. Irgendwie war es, als ob ich wieder da war, wo ich einmal mit rund 16 Jahren gestartet bin. Nur jetzt als Mama mit Kind ... das ist ernüchternd. Zugleich wusste ich aber auch, dass der Aerobic-Zug abgefahren war – ohne mich an Bord. Und die Blöße, noch einmal in dieser jungen, gnadenlosen Szene neu durchzustarten, wollte ich mir nicht geben. Da kam das Angebot Network-Marketing beinahe wie gerufen. Präsentiert durch die Schwester meines Mannes, keine Networkerin, aber Produktnutzerin!", erzählt Doro Fusenig mit einer Prise Nachdenklichkeit. Auf Anhieb spürte sie diese Magie, die das Business auf sie ausstrahlte, fühlte ihre zweite Chance hautnah. „Ich fühlte mich damals als Mutter mit Führerschein – mehr nicht. Aber ich wusste auch: Alles, was ich bisher erreicht hatte, hatte ich mir hart erarbeitet, und zwar allein. Das war, was ich kann: anpacken, zupacken und einfach hart arbeiten. Und so wurde mir gewiss, dass Network-Marketing damals mit Ende 30 mein ganz persönlicher Ausstieg war hin zum Einstieg und Aufstieg in eine neue Unabhängigkeit!"

GEGEN DEN STROM SCHWIMMEN, UM DEN EIGENEN WEG ZU GEHEN

Der Besuch eines Company-Events brachte ihr dann noch das letzte Quäntchen Gewissheit: „Ich liebe die Bühne, und ich hole sie mir wieder, und zwar hier in diesem Business!", sagte sie sich und begann schlichtweg, das notwendige Handwerkszeug zu lernen. Was heißt es, Networkerin zu sein? Wie baue ich mir in dieser Branche ein Unternehmen, eine Existenz auf? Sie suchte die Antworten – und fand sie. „Network-Marketing? Die Reaktionen aus meinem Umfeld waren alles andere als freudig erregt. Bestenfalls zögerlich, bedächtig und verhalten. Aber genau das ist es, was mich antreibt, was mich inspiriert. So bin ich, quasi eine Jetzt-erst-recht-Person. Ja, ich schwimme gern mal gegen den Strom und genieße, aus der Herde auszuscheren, um meinen eigenen Weg zu gehen. Nicht aus Trotz, sondern weil ich keine Angst habe, andere Wege zu gehen und Pionierarbeit zu erledigen. Dabei mache ich es mir nicht leicht und gehe eine Abkürzung. Im Gegenteil – bei mir läuft es immer auf

Long Distance hinaus, wohl auch, weil ich mir nicht zu schade bin, das zu machen, was gemacht werden muss. Vielleicht eher aus dem Gefühl heraus: Wenn ich es nicht tue, dann tut es keiner ...!"

Für Doro Fusenig auch ein Stück weit eine Art Mission. Wohnt ihr doch die tiefe Gewissheit inne, eine Leaderin zu sein, und die absolute Überzeugung, dass sie mit Leidenschaft andere Frauen und Männer auf einen Weg mitnehmen kann, der nach oben und alle voranführen wird. Sie glaubt an sich – und an das Gute in anderen. Ein Geschenk, eine Gabe, die sie zugleich leuchten lässt. „Aerobic ist ein People-Business, daher muss man Menschen mögen. Und dennoch, es machte einen nicht reich. Auch Network-Marketing ist ein Geschäft, wo es auf Menschen ankommt und darauf, diese mit Ehrlichkeit und Empathie für sich zu gewinnen. Das haben beide Branchen gemeinsam. Man muss ein Menschenmagnet sein. Es kommt viel weniger auf Produkte oder auf Step-Choreografien an, als so mancher denkt. Alles dreht sich im Wesentlichen um die Verbindung von Menschen und darum, andere sichtbar zu machen. Sie emotional abzuholen, in ihrem Inneren

zu lesen und so an sich zu binden. Das ist der Faktor, der zählt!"

Keine Frage, in all diesen Fällen kommt die Personality der erfolgshungrigen Top-Networkerin ihr ein Stück weit zugute. „Ich sage immer, dass meine Zeit in der Aerobic-Branche ein Vorbereitungstraining auf Network-Marketing war. Es war die Pflicht vor der Kür ...!", resümiert Doro Fusenig, und ihre Augen leuchten dabei. Schon damals ging es um die Zahl der Wiederholungen, um das Verinnerlichen der Kompetenz und um das permanente Training. Dinge, die im Network-Marketing auf gleiche Weise gefordert sind. Ein Muskel wächst nur, wenn er genug Widerstand erfährt. Die Parallele zur Network-Branche ist spätestens jetzt offensichtlich. „Natürlich gibt es in unserem Business Widerstände, aber die zu überwinden, das erst macht einen im Network groß und stark. Das muss jedem bewusst sein. Genau das ist der Punkt, warum Menschen in unserem Geschäft scheitern – sie sind nicht bereit, die elfte Wiederholung zu machen. Diesen einen Push, der alles verändert, der Wachstum auslöst, den muss man durchziehen, auch wenn es hart und unbequem ist. Nur so wird der Wachstumsreiz gesetzt!", erläutert die zielstrebige Geschäftsfrau.

DINGE KREIEREN, UM AUS DER FREIHEIT ERFOLG ZU GENERIEREN

Es ist ihre positive Besessenheit, die sie antreibt. Die sie vorankommen lässt und sie von anderen unterscheidet, wohl auch weil sie schlicht und einfach nicht anders kann. Das alles manifestiert sich in einem Satz: Sie hat keine einzige Ausrede für rein gar nichts parat! Ein wesentlicher Erfolgsfaktor und zugleich ein Element von ungeheurer Dynamik. Eine Doro Fusenig will kreieren, will Dinge erschaffen, um Freiheit aus dem Erfolg generieren zu können. Und Freiheit besitzt in ihrem Leben einen ganz eigenen Stellenwert, der sich in der Möglichkeit zur Unabhängigkeit äußert. „Dabei geht es nicht um grenzenlosen Materialismus, sondern beispielsweise darum, dass ich Stand heute meinen Sohn auf eine Schule schicken kann, die ich mir ohne meinen Erfolg im Business nicht hätte leisten können. Das bedeutet es für mich, frei zu sein. Und diese kreierte Freiheit will ich ebenso auch für andere erschaffen. Das ist eine Vision, die in mir steckt, weil ich anderen im Leben beweisen und zeigen möchte, dass es noch einen anderen Weg gibt als den Mainstream. Es geht darum, nicht nur zu reagieren, weil man eben nicht anders kann, als auf Umstände des Lebens und der jeweiligen Ist-Situation reagieren zu müssen. Ich möchte stets in der Lage sein – und bleiben – zu agieren. Das ist für mich wirkliche Freiheit und damit ein Stadium, das ich auch anderen ermöglichen möchte!", betont sie, weil sie sich eben nicht damit zufriedengeben will, dass jemand in Umständen gefangen ist und in ge-

zwungener Bescheidenheit sein Dasein fristet, obwohl so viel mehr möglich wäre. Für jeden einzelnen in ihrem Netzwerk. Deshalb ist es ihr eine Herzensangelegenheit, so viele Menschen wie nur möglich auf diese, auf ihre persönliche Reise mitzunehmen. Somit ist ihre eigentliche Zufriedenheit ein Stück weit zugleich eine positive Unzufriedenheit. „Bei allem, was gut ist, finde ich mich aber damit noch nicht ab, dass es ist, wie es ist – denn es könnte noch viel besser sein!", lächelt sie mit einem Strahlen.

MAN HAT IMMER DIE ENTSCHEIDUNG – FÜR ODER GEGEN ETWAS

Dabei unterstützt sie auch ihre persönliche Lebensphilosophie, in der sie lebt, denkt und wirkt. Sie ist sich sicher, dass das Leben ihr immer eine Entscheidungsmöglichkeit anbietet. Man kann die positive oder die negative Seite betrachten. So hat man stets die Wahl, ob etwas für oder gegen einen ist. „Und ich weiß, das Leben ist immer für mich. Es kommt halt nur darauf an, was ich selber aus der jeweiligen Situation mache. Auch mir scheint nicht permanent die Sonne aus den Ohren. Aber die Frage ist, was mache ich, wie gehe ich mit so einem Moment um?", betont sie. Eine Einstellung, die sehr wertvoll ist, weil sie nachhaltige Entscheidungen zulässt. Denn als die Powerfrau im Network-Marketing-Business erstmals durchstartete, da hatte sie ihre persönliche Chance zwar erkannt, aber das System noch lange nicht verinnerlicht und wirklich verstanden. Der Aufbau von rund 600 Partnerinnen und Partnern, ein durchschnittliches Monatseinkommen von bis zu 12.000 Euro – das waren Tatsachen, die das Resultat ihres Tuns waren. Das war „made by Doro". Doch als sie mehr und mehr gewahr wurde, dass in diesem einzigartigen System noch so viel mehr möglich ist, sie aber an ihre Grenzen stößt, da sie sich selbst noch als Rookie betrachtete und noch so viel mehr zu lernen hatte, da orientierte sie sich um. Hin zu einem anderen Network-Unternehmen, in welchem sie die Chance sah, neue Dimensionen zu erreichen – auch wegen anderer Führungskräften, an denen sie noch mehr für sich und ihre Visionen partizipieren wollte. „Ich wusste, ich kann mein Geschäft nur größer machen und auf eine höhere Ebene bringen, wenn ich mich mit neuen, anderen Menschen umgebe ...!"

Heute ist Doro Fusenig bei JEUNESSE auf dem Weg ganz dicht an die absolute Spitze. Eine Frau ganz oben! Wenngleich der Wechsel alles andere als leicht war – insbesondere, weil ihr gefühlt alle Knüppel dieser Welt zwischen die Beine geworfen wurden. Sie strauchelte, aber auch das konnte sie nicht aufhalten. Unstoppable! Und das, obwohl sie zu diesem Moment noch einmal schwanger wurde. Für viele ein Grund, gleich ein paar Gänge zurückzuschalten. Aber Doro Fusenig? Auch sie haderte, kämpfte mit sich und Emotionen ... bis sie erkannte, ihre Situation, ihre Schwangerschaft, die neue Company, das alles ist ein Geschenk, ein Segen. Wie immer, eine Frage des Blickwinkels. Denn es geht auf dieser Welt nicht um das Entweder, oder ..., sondern vielmehr um das Sowohl-als-auch. Ihr mentales Votum entschied sich für „pro", für ein Ja zur Ist-Situation. Plötzlich wurde ihr klar, dass ab sofort zwei Herzen in ihrem Körper schlugen. Und das bedeutet: doppelte Kraft! Und ein himmlisches Geschenk für Doro Fusenig, die zugleich ein Geschenk für diese Branche ist ...

DORO FUSENIG – spontan gefragt, spontan gesagt:

● **Mir ist Erfolg wichtiger als ...**
„... einfach nur Durchschnitt zu sein und ein kleiner Teil der großen, breiten Masse!"

● **Network-Marketing ist die Zukunft, weil ...**
„... es das Abbild dessen ist, was tatsächlich ist. Und die Tatsache ist, dass wir alle miteinander verbunden sind, auch wenn das viele vielleicht gar nicht wahrhaben wollen. Aber Network-Marketing macht diese Energie sichtbar!"

● **Mein wichtigster Rat an alle aktiven Networker lautet:**
„Gehe weg von dir und hin zu anderen!"

● **Mein wichtigster Rat an alle, die noch keine Networker sind, lautet:**
„Sucht mal wieder eure frühere kindliche Unbefangenheit und Neugier, um ohne jegliche Vorbehalte die Network-Marketing-Branche aus dem Blickwinkel eines Kindes zu betrachten, und lasst das Ergebnis auf euch wirken ...!"

FABIAN ZIERHUT

ZINZINO

MISSERFOLG IST NUR EINE STATION AUF DEM ERFOLGSWEG

Ein Wiener Gentleman, der auszog, um überraschenderweise Wüstenscheich zu werden. Klingt crazy, ist crazy und zugleich eine ebenso geplante wie auch beeindruckende Erfolgsstory, wie sie nur das Network-Marketing schreiben kann. Denn hier werden immer wieder Märchen wie aus „1001 Nacht" wahr, weil sie zu 100 Prozent real sind. Einziger Unterschied: Der Held dieser Geschichte heißt eben nicht Aladdin oder Alibaba, sondern Fabian Zierhut ... Ein echter Hauptstädter, ein Mann, wie gemacht für das schöne, mondäne Wien – und einer, der zugleich schon immer aus Österreich rauswollte. Weil es ihm zu eng ist und nicht zu seinen Vorstellungen des Lebens passt. Die nämlich waren von jeher größer, viel größer, als seine Heimat bieten und zulassen konnte und wollte. „Think big" – das amerikanische Erfolgsmotto von einem Österreicher in den Arabischen Emiraten umgesetzt. Wow! Und wie kam es dazu? Fast wäre man geneigt zu sagen: der Pandemie von 2020/21 sei Dank. Aber das wäre ein zu bizarrer Gedanke. Vielmehr war es die Enge von Lockdown und beschnittenen Reisemöglichkeiten, die Fabian Zierhut von Wien nach Dubai führte. Denn nur die Arabischen Emirate waren in dieser Zeit mögliche Ziele, die man überhaupt noch ansteuern konnte. „Eigentlich wollte ich nach Spanien, weil ich dort ein tolles Team habe. Aber das ging ja nicht. Also bin ich nach Dubai geflogen. Sonne tanken und tief Luft holen können – und zwar endlich befreit. Raus aus der Enge, rein ins Aben-

teuer!", lacht der Wiener. Die Mega-City mitten in der Wüste mit all ihren Möglichkeiten, mit der ihr innewohnenden Ausstrahlung von Aufbruch packte ihn. Hier geht was, und hier geht mehr als woanders. Das wusste er sofort. Denken, Arbeiten, Fühlen und Tun – alles ohne Limit. Grenzenlos unter der sengenden Sonne Dubais. Ein ungeheurer Impuls, der Fabian Zierhut durchströmte. Insbesondere in Bezug auf eine weitere Expansion seines Geschäfts, wo doch die Verbindungen nach Indien, nach Asien von dieser Oase aus so vital und trendy sind. „Ich spürte förmlich, dass Dubai meine Basis werden wird. Auch weil die Rahmenbedingungen für mein Business und für mich nahezu ideal sind ...!", macht der Network-Globetrotter deutlich, der scheinbar permanent in der Weltgeschichte unterwegs ist. Weil er hungrig und neugierig ist, immerzu Lust auf neue Menschen hat und ebenso auf Chancen, die er wittert und die ihm quasi in die Nase steigen wie der Trüffelduft bei einem Trüffelschwein ...

Chancensucher sind vor allem eins: unberechenbar und ständig auf der Suche nach Alternativen. Sie lassen sich nicht einordnen und schwimmen ungern mit der Masse mit. Fabian Zierhut ist da keine Ausnahme. Nicht, weil er nicht kann, sondern weil er einen anderen Antrieb hat, einen anderen inneren Magneten, der ihn auf neue Wege führt. So gibt er sich selber erst einmal die Chance, anders zu denken, anders zu ticken und damit anders – für viele Außenstehende auch ungewöhnlicher – zu handeln. „Ich bin ein klassischer Schulabbrecher!", lacht er, und irgendwie schwingt der Unterton „Ich kann halt nicht anders" mit. Denn allein so ein Abschluss wäre schon beinahe für ihn ein viel zu gewöhnlicher Weg gewesen, den ach so viele andere gehen. Und dennoch besitzt auch einer wie er eine ausreichende Portion Realismus. Er weiß daher: ohne Geld verdienen, geht es nicht. Kurz eine Lehre im Handel machen und dann ab in den klassischen Außendienst. Eine Aufgabe, die den Wiener Charmeur, und genau das ist er, in die verschiedensten Branchen eintauchen lässt. Von Kosmetik bis Lebensmittel. Das Wichtigste aber ist die Erkenntnis: Ich komme an bei anderen Leuten. Gutes Benehmen, gepflegtes Äußeres, geschliffene Ausdrucksweise – alles Skills, die einem Verkäufer zum Erfolg gereichen. Und was für andere geht, geht auch für einen selbst. Noch eine Selbsteinsicht. Und schon ist sie da – die Idee von der Selbstständigkeit. Raus aus der Enge als angestellter Befehlsempfänger. Aktiv sein, ja klar – aber auf eigene Rechnung für das eigene Wohl und das eigene Konto. Und Fabian Zierhut merkt: Das ist es, was ich doch schon immer wollte. Ich, der Freigeist, der Unangepasste. So bin ich und daher bin ich auch so ganz anders unterwegs als viele andere. „Ich entdeckte mich in dieser Phase gerade ein Stück weit selbst, lernte mich selber noch besser kennen und spürte ganz intensiv, was in mir steckt. Hunger nach Freiheit, Durst auf Erfolg und Lust auf Selbstständigkeit!", unterstreicht der „Wiener Wüstensohn" seine Einstellung.

Mit der Lizenz einer österreichischen Marke in der Tasche startet Fabian Zierhut mit einer eigenen Kosmetikfirma. Es läuft, es läuft nicht, es läuft ... ein Auf und Ab, eine Achterbahnfahrt der Gefühle, der Erfolge, die zu einem Ziel führt: Nach zweieinhalb Jahren ist Schluss, und es geht zurück in den Außendienst. Gescheitert? Nein, vielmehr sehr viel dazugelernt. Auch die Erkenntnis, das Selbstständigkeit im Unternehmertum eben erheblich mehr ist, als sein eigener Chef zu sein. Es hängt viel von vielem ab, ist ein komplexes Unterfangen – und es steckt voller Risiken und ist mit viel Verantwortung verbunden. Denn, und das weiß spätestens auch jetzt Fabian Zierhut: Freiheit ohne Verantwortung funktioniert nicht. Und – Selbstständigkeit allein bedeutet noch lange nicht, frei zu sein.

VOM ERSTEN MOMENT AN VOM SYSTEM GEPACKT

Dass es auch ganz anders geht, das erfährt er, als er eine Einladung zu einer Geschäftspräsentation annimmt. Zum Glück – und das, obwohl er eigentlich in dem Moment null Lust und Antrieb hat, die Veranstaltung wirklich zu besuchen – aber die Neugier gewinnt letztendlich. „Klingt fast ein bisschen nach Klischee, aber ich habe mich wirklich bequatschen lassen. Wie gut, denn das Konzept bzw. das Geschäftssystem fand ich mehr als spannend. Komplett anders, und zugleich eine Alternative zu all dem, was ich in meiner ersten Selbstständigkeit als Herausforderung erlebt hatte. Kein Einsatz von Eigenkapital, freie Zeiteinteilung, kein unternehmerisches Risiko. Das waren alles Kriterien, die mehr als nur bemerkenswert waren. Network-Marketing hatte mich in diesem Moment gepackt, hatte mich aus dem Stand weg fasziniert. Aber die Firma, die sich auf diesem Event präsentierte, die gefiel mir hingegen überhaupt nicht. Es kam einfach kein Vertrauen in mir auf ...!", erklärt der quirlige Networker.

Was jetzt kommt, das ist nicht die übliche oder zumindest meist gängige Handlungsweise. Eben typisch Fabian Zierhut. Denn statt, wie die meisten anderen wohl in dem Fall, alles beiseitezuschieben und das Thema Network damit auf sich beruhen zu lassen, fängt er jetzt erst so richtig an zu graben. „Das System hatte mich überzeugt. Genau das wollte ich machen. Ein Geschäftsmodell, das mir geradezu auf den Leib geschnitten war. Als ob es für mich erfunden worden wäre. Was mir nur noch fehlte, war das passende Unternehmen. Und genau das suchte ich nun und tauchte ab, um zu recherchieren ...!"

Es ist die Aussicht auf Freiheit, auf wirkliche Freiheit. Eine, die mehr ist als nur eine lange Leine oder wo das Gatter um den Bewegungsspielraum nur etwas weiter und großzügiger gezogen ist. Nein, hier roch Fabian Zierhut genau die Art von Freiheit, die er immer gesucht hatte. „So war ich schon immer, nur dass es mit der Zeit ständig intensiver und stärker zu spüren war – in mir rumorte ein nahezu unbändiger Drang nach Unabhängigkeit. Immer wenn ich nur mit irgendeinem Horizont, einer Grenze oder Einschränkung in Berührung kam, ja, wenn ich sie nur auf mich aus weiter Ferne zukommen sah, stellten sich bei mir alle Nackenhaare auf, und meine inneren Alarmglocken schrillten ...! Network-Marketing versprach, dass diese inneren Signale ruhiggestellt wurden. Somit hatte ich meine Grundmotivation im Network-System gefunden, die mich bis heute nicht mehr losgelassen hat!", erklärt er.

Neben dem Freiheitsgedanken spielt aber noch ein wesentlicher Aspekt eine noch wesentlichere Rolle: Der Glaube an sich selbst und die eigenen Fähigkeiten. „Ich weiß, was ich kann. Das wusste ich schon immer. Dafür benötige ich doch keine Bescheinigung von einer Schule. Aber genau das war es, was Network-Marketing und die Art, wie diese Branche funktioniert, ausmacht. Nämlich die Erkenntnis, hierbei kommt es ausschließlich auf einen einzigen Faktor an: auf mich! Und auf mich kann ich mich verlassen, eben weil ich weiß, wie ich bin und was ich kann. Und das ohne einen bemerkenswerten oder gar akademischen Background, ohne das Privileg der hohen Geburt zu besitzen und ohne Abhängigkeit von Beziehungen. Nein, hier kann ich Großartiges erreichen und zwar endlich mal nur für mich selbst …!", bekennt der in Dubai wohnende Networker. Wie erfrischend, wenn jemand auch einmal zugibt, auch an sich selbst zu denken. Ein mehr als hehres Ziel, gerade in Zeiten, in denen es mehr en vogue zu sein scheint, mit dem Wort „Solidarität" geradezu inflationär umzugehen, um dabei dennoch insgeheim in erster Linie an sich selbst zu denken. „Ich hatte bis dato wirklich Top-Jobs, um die mich so mancher regelrecht beneidet hat. Aber ich fühlte mich dennoch eingeengt, war zugleich eingesperrt in einem goldenen Käfig. Und dieser öffnete sich eben durch die Perspektiven, die sich im Network-Marketing für mich boten!", so der freiheitsliebende „Native Österreicher".

Heute hat er das gefunden, was er immer gesucht hat – Freiheit. Und zwar mit Verantwortung für sich selber, für seine Organisation, für seine Teams und gegenüber seiner Partner-Company. Aber so zielführend dieser Gedanke bei ihm ist, so variabel handhabt er es in der Argumentation anderen gegenüber. Zugleich ein Stück weit sein Erfolgsrezept: „Ich gebe den Menschen gern das, was Sie haben möchten und erwarten – sofern ich es kann und es die Sache hergibt. Denn Luftschlösser baue ich nicht für andere, um sie für unsere Branche zu gewinnen oder zu begeistern. Das ist eine Frage, wie man die Geschichte erzählt!", weiß Fabian Zierhut zu berichten. Klingt das nicht etwas opportun? Nein überhaupt nicht, eher zweckdienlich und sinnvoll. Denn wer mehr Freizeit sucht, der findet sie im Network-Marketing ebenso wie derjenige, der seine Einkommensmöglichkeiten exorbitant steigern möchte. Und wer vermehrt auf Teamwork setzt, statt auf den egoistischen Einsatz von Ellenbogen, wer endlich seine Fleiß-Karte ausspielen will und sich dadurch belohnen will, statt sich mit einem Nine-to-five-Job zufriedenzugeben, der ist im Network-Marketing richtig aufgehoben und sollte daher auch die entsprechende Geschichte von jeweils passenden Möglichkeiten erzählt bekommen. „Warum soll ich jemandem von Selbstbestimmung im Beruf erzählen, wenn er vielmehr auf mehr Verdienst und ein schöneres Eigenheim Wert legt? Also sage ich ihm, was bei mir möglich ist und dass er seine Vorstellungen davon bei mir realisieren kann. Alle anderen Benefits, die unser System positiv mit sich bringt, wird er quasi on top als Sahnehäubchen ohnehin noch selber erleben und mitbekommen. Entscheidend aber ist, dass er erkennt, dass ich einen Weg, eine Möglichkeit habe, dass er in meinem Team und mit unserem System glücklich wird – zumindest glücklicher als bisher!", lacht Fabian Zierhut.

TROTZ ONLINE AUCH OFFLINE AKTIV BLEIBEN

Ein System, das lebt, das sich permanent den Gegebenheiten anpasst und das dennoch bleibt, wie es ist – nur anders. Ein Widerspruch? Eben nicht, denn das genau ist ein Stück weit mit der Reiz von Network-Marketing. Den Charakter behalten und dies bei aller Art der Veränderung. „Heute stehen die Online-Aktivitäten klar im Vordergrund. Das ist auch der Situation durch die Pandemie geschuldet. Aber dennoch habe ich anfangs mein Business nahezu zu 100 Prozent offline aufgebaut. Zu Beginn. Aktuell läuft es aber sehr verstärkt via online. Ich wurde quasi gezwungen, die eigene Predigt der ständigen Veränderung auch selber zuzulassen und von offline auf online umzuschalten. Eine gute Entscheidung. Kontakte, Onboarding, Gespräche usw., das alles läuft über das Internet. Und dennoch bleibt der Mensch als eine Konstante im Zentrum bestehen. Ob im Fahrstuhl oder an der Supermarktkasse – ich frage auch heute noch Frauen und Männer danach, ob sie offen für eine berufliche Veränderung oder Alternative sind. Das ist mein Job … online wie offline!" Aber der sympathische Österreicher warnt zugleich vor der falschen Vorstellung, dass man sich online in die bequeme Komfortzone zurückziehen und in die unsichtbare Anonymität begeben könne.

Nein, bequemer ist der Online-Weg sicher nicht. „Es geht darum, pro-aktiv das eigene Kontakt-Netzwerk zu vergrößern und zu erweitern. Dazu müssen Menschen angeschrieben werden, man muss mit ihnen in Kontakt und damit in den Dialog kommen. Die meisten haben auch hier die gleichen anfänglichen Hemmungen wie im Offlinebereich. Wie schreibe ich jemanden an? Was teile ich ihm mit? Wie reagiere ich auf Fragen? Was muss ich tun, wenn ich zum Pitch komme? Wann soll ich was schreiben? Und noch schlimmer – was tun, wenn es zum Video- oder Telefoncall kommt? Schon allein diese ganzen Fragen machen deutlich, dass online nicht wirklich einfacher ist als der typische und bisher eher noch bekannte Online-Weg. Denn verstecken kann man sich auch hinter seinem jeweiligen Device nicht!", erklärt Fabian Zierhut und fügt hinzu: „Nur Videos zu verschicken, das bringt rein gar nichts. Ich lege Wert auf das persönliche Gespräch, weil nur dadurch wirklich eine Beziehung aufgebaut wird, aus der dann später vielleicht eine Zusammenarbeit entsteht. Bei so einem Talk bekommt der- oder diejenige auf der anderen Seite der Leitung doch einen Eindruck von mir, erhält ein Gefühl und kann sich ein Bild machen. Findet ein Video-Call statt, kommt noch der visuelle Eindruck verstärkend hinzu. So emotionalisiert sich ein Kontakt regelrecht. Und das wäre mit einer reinen Online-Aktivität nicht wirklich machbar!"

Eine Erkenntnis, die ein Stück weit seinen Erfolg beschreibt, denn Fabian Zierhut ist lernwillig, zulernhungrig und zeitgleich an die Notwendigkeiten anpassungsfähig. Sein alles entscheidender Erfolgsfaktor aber ist: Sein Erfolg ist nicht verhandelbar! Leicht gesagt, schwer getan? Nicht für ihn, denn er ist sich selbst gegenüber kompromisslos, was ein Blick zurück auch dokumentieren würde. Daraus generiert sich wiederum ein enorm starker Antrieb. Ein Wille, etwas zu wollen und es dann auch zu tun. Dem unterwirft er eben nahezu alles. „Es ist entscheidend, ein passendes Umfeld zu kreieren, das es einem ermöglicht, die richtigen Gedanken zu fassen und umzusetzen. Ein Umfeld, das mir persönlich die optimalsten Arbeits- und Erfolgsaussichten in meiner und für meine Organisation bietet. Das kann alle möglichen Auswirkungen haben. Aber es ist für den Erfolg entscheidend, dass sich dieses Umfeld auch entsprechend auf das Mindset der Teams auswirkt. Nämlich, dass sie richtig denken und ticken. Sonst funktioniert es nicht. Denn mit der richtigen Einstellung gehen die Partnerinnen und Partner in die richtigen Aktionen rein und dies auch mit der richtigen, zielorientierten Einstellung, was dann wiederum zu einer mehr und mehr spürbaren Persönlichkeitsentwicklung bei jedem Einzelnen führt!", erläutert der Dubai-Resident.

Was das richtige Mindset ist, das ist ihm selbst zunehmend klar geworden, auf seinem Weg hoch Richtung Erfolgsgipfel. Es geht im Grunde genommen um die Bewahrung des Realitätssinns. Erfolg ist eben kein stetiger Bergauftrend. Im Gegenteil, Misserfolg gehört zum Erfolg zwingend dazu. „Jeder landet mal im Tal der Tränen und ja, es kann auch sein, dass man verdammt lange in dieser Talsohle bleibt, bis es wieder aufwärtsgeht. Aber es geht nur voran, wenn das Mindset stimmt und das bedeutet, die Situation anzunehmen und eben dann nicht zu verzagen oder gar aufzugeben. Das Gegenteil von Erfolg ist nämlich nicht Misserfolg. Keineswegs. Der Misserfolg ist lediglich eine oder mehrere Stationen auf dem Weg zum Erfolg. Das muss man sich immer wieder bewusst machen. Mit diesem Verständnis allein ist Erfolg machbar, erlebbar und fühlbar!"

Daher definiert Fabian Zierhut auch seine Form von Erfolg auf eine ganz eigene Art: „Für mich ist Erfolg, wenn ich mich gut fühle, wenn ich allein bin. Das ist ein Zustand der absoluten Erfüllung, auch wenn niemand bei mir ist. Ein unbeschreiblich schönes und intensives Gefühl ...!", sagt der gebürtige Wiener, der sich stets selber so einstellen kann, dass er permanent "gut drauf ist" und sich so selber inspiriert. Mit dieser unikaten Geisteshaltung wünscht man ihm nur eines: viele einsame erfüllte Momente. Denn verdient hat er sich diese ...

FABIAN ZIERHUT – spontan gefragt, spontan gesagt:

● **Mir ist Erfolg wichtiger als ...**
„... bloßer Durchschnitt zu sein!"

● **Network-Marketing ist die Zukunft, weil ...**
„...die Welt für dieses System ausgerichtet ist. Denn die nachkommende, junge Generation denkt anders, tickt anders. Sie haben andere Ideen, andere Vorstellungen von Arbeit, Arbeitszeiten, und sie wollen sich einbringen. Man kann auch sagen: Die Welt ist bereit für Network-Marketing!"

● **Mein wichtigster Rat an alle aktiven Networker lautet:**
„Entwickelt euch täglich persönlich weiter ...!"

● **Mein wichtigster Rat an alle, die noch keine Networker sind, lautet:**
„Seid offen für Veränderungen, denn ohne die wird das Leben langweilig, und es wird sich nie etwas zum Besseren hin ändern ...!"

NAVANITA & KHADRO SGAMBATO

FOREVER

AM ENDE GEHT ES NUR DARUM, GLÜCKLICH ZU SEIN

Tänzer müssen stets eine gute Figur auf dem glänzenden Parkett abgeben. Eleganz und Anmut verkörpern sie ebenso wie Sportlichkeit, gepaart mit Stil, Lebenslust und einem Hauch Sex-Appeal. So schweben sie über den Tanzboden – mal melancholisch im Jazzdance, mal wild im Hip-Hop, mal sinnlich im Salsa und ebenso kraftvoll im Breakdance. Und stets dabei – ein strahlendes Lächeln. Selbst dann, wenn ihnen gar nicht wirklich zum Lachen zumute ist. Weil vielleicht das Leben just in diesem Moment keinen wahren Grund zum Lächeln hergibt. Navanita und Khadro Sgambato kennen dieses Gefühl. Sie tanzen für ihr Leben gern, haben die Bühnen dieser Welt mit ihrer Kunst begeistert und führten in der Schweiz über 22 Jahre erfolgreich eine eigene Tanzschule. Doch dass Freude am Tun nicht immer ausreicht, das haben die beiden ebenso am eigenen Leib erfahren. Nämlich dann, wenn sich die Zeiten ändern und beispielsweise die Digitalisierung bei allen Vorteilen aber ausgerechnet diesen beiden Dance-Maniacs das Geschäft verhagelt. Denn immer mehr Jugendliche lernen heutzutage ihre Tanzschritte mit YouTube statt in einer Tanzschule. Die Folge: Die Zahl der Tanzschüler ging runter, die Kosten aber blieben. Umdenken ist dann angesagt, wenn das Leben mit einem Rock'n'Roll tanzt, bis man die Orientierung verliert ... Was für ein Glück, dass Network-Marketing nicht nur ein sensationelles Business ist, sondern manchmal auch die Rettung in der Not ...

„Keine Frage, uns stand finanziell das Wasser bis zum Hals und höher ... Wir hatten alles, wirklich alles verloren und wussten nicht mehr weiter!", gesteht Navanita Sgambato, ein klangvoller Nachname, der fast wie ein temperamentvoller Latino-Hüftschwung anmutet, aber stattdessen ihre italienischen Wurzeln akzentuiert. Was also liegt in so einer Situation näher, als es im Network-Marketing zu versuchen, oder? Navanita und Khadro schütteln beide den Kopf. Von wegen! Alles kam für sie infrage – nur kein Network. Und dies, wo obendrein ihr in der Not engagierter Finanzcoach sogar die Empfehlung für dieses Business als rettenden Anker abgab. „Viermal haben wir dankend, freundlich, aber ebenso bestimmt abgelehnt. Wir wollten nicht. Allein schon der Gedanke, anderen etwas verkaufen zu müssen, schreckte uns ab. Dazu noch die ganzen Vorurteile, die uns im Kopf herumschwirrten und auf die wir allesamt beim Nein-Sagen zurückgriffen ...!", gesteht die Schweizer Dancing-Queen.

Heute wissen beide, wie falsch sie lagen und dass sie kurioserweise genau das, was sie nicht wollten, all die Jahre zuvor ohnehin schon erfolgreich taten – sogar mit Herzblut, und zwar verkaufen. Sie lebten bereits Network-Marketing, ohne es zu wissen – halt eben nur in der Tanz-Bubble. „Wir haben jeden Tag verkauft. Primär uns, ebenso unser Tanz-Fitness-Programm, die Kurse, die Tanzschule – aber es war uns gar nicht wirklich bewusst!", analysiert Khadro mit einem leichten Schmunzeln. Damals hätten er als auch Navanita niemals gedacht, dass sie einmal für die Network-Marketing-Branche regelrecht brennen und eine großartige Karriere in diesem besonderen System starten würden. Was aber hat sie beim fünften und finalen Angebot dann doch überzeugt? „Wir waren gefühlt ewig selbstständig. Allein die Angst, gezwungenermaßen wieder angestellt zu sein, um unsere Brötchen zu verdienen, hat uns letztendlich den nötigen letzten Impuls gegeben, doch einmal bereitwillig zuzuhören!", geben die beiden zu und müssen in sich hineinlachen, weil sie es selbst heute noch kaum fassen können, dass sie sich gegen ihren eigenen Erfolg, ihre Karriere und vor allem gegen ihr individuelles Glück anfangs so beinahe vehement gewehrt haben.

In Anbetracht ihrer damalig schwierigen Situation zählte vordergründig erst einmal eins: Geld verdienen! Und am besten viel Geld verdienen in kurzer Zeit. Eine Motivation, die absolut ihre Berechtigung hat. „Money-driven People" – genau das waren die beiden. Und das war gut so. Fortan gab es keinen sanften Versuch, kein vorsichtiges Abtasten – Vollgas lautete die Devise, ohne Schranken, Grenzen oder Limits. Alles geben, alles in die Waagschale werfen, so starteten die beiden ins Network-Business und eine beispiellose Karriere begann …

NETWORK-MARKETING IST EIN STÜCK WEIT EINE BESSERE WELT

Denn aus der Startmotivation, rund um schnelles großes Geld, ist heute eine ganz andere Geschäfts-Philosophie entstanden: Die gigantische Möglichkeit, ein Level an Unabhängigkeit zu erreichen, wie man ihn wohl kaum woanders noch einmal geboten bekommt. „Das geht sogar weit über den Begriff Freiheit hinaus, weil alles mit einer ebenso tiefen Befriedigung einhergeht, anderen Menschen zu helfen, ebenso frei und unabhängig zu werden!", erklärt Khadro, der zwar gelernter Grafik-Designer ist, aber bei Navanita im Tanzstudio als Breakdancer aktiv wurde – sechs Jahre bevor die beiden ein Paar wurden. Die Top-Networkerin geht in ihrer Erklärung noch einen Schritt weiter: „Als ich den Marketingplan erklärt bekam, ging mir innerlich ein Licht auf. Ich spürte plötzlich, wie wertvoll dieses System ist. Beinhaltet es doch genau das, was uns alle verbindet und was ein Stück weit Lebenssinn ausmacht: miteinander statt gegeneinander! Network-Marketing ist gelebtes und erlebtes Miteinander, weil wir alle ohnehin miteinander verbunden sind und hierbei nur im Team gemeinsam Ziele erreichen. Genau das ist es. Network-Marketing ist ein Stück weit eine bessere Welt! Kein Wunder, dass ich schon nach kurzer Zeit regelrecht in dieses Business verliebt war und heute weiß, dass ich niemals wieder etwas anderes tun möchte. Weil es nichts Vergleichbares gibt und nichts, was mich so erfüllt!", schwärmt sie und lässt ganz bewusst einen Touch an spiri-

tuellen Vibrationen mitschwingen. So ist Network-Marketing heute für das Erfolgs-Duo mehr als „nur" ein geschäftliches Erfolgssystem – es ist eine individuelle Philosophie, ein Lebensprinzip und ein Aktiv-Muster des Guten, der Nächstenliebe und des verbindenden Miteinanders.

WIRKLICH ETWAS BEWEGEN KÖNNEN – IM NETWORK-MARKETING GEHT'S

Navanita hatte auch zu Zeiten, als sie ihre Tanzschule führte, den mitmenschlichen Anspruch, andere zu berühren, sie voranzubringen, sie zu begleiten, bei der Persönlichkeitsentwicklung mitzuwirken und diese Menschen zu bewegen, an diesen Dingen für sich und an sich mitzuarbeiten. „Aber meine Tanzschülerinnen und -schüler gingen nach einer Stunde wieder nach Hause und kamen damit zurück in eine Welt ihrer alten Probleme. Und ich habe mich damals schon gefragt, was ich tun könnte, um sie wirklich zu bewegen? Genau das ist im Network-Marketing anders. So ist unser Network-Engagement in gewisser Weise die bessere Version unserer ehemaligen Tanzschule geworden …!", macht Navanita deutlich.

Vielleicht auch ein Grund, warum die beiden niemand anderes von ihrem Business überzeugen. Sie tun es nicht, sondern sie laden ein, ihnen zu folgen. Wer nicht vom Herzen und mit der tiefen Überzeugung an diese Chance glaubt, den würden sie niemals versuchen zu überreden. „Niemand soll zum Glück überredet werden. Das hat in unseren Augen keine Aussicht auf Erfolg. Sonst könnte man das tägliche Geschäft nicht so erledigen, wie wir es machen – wir tun es nämlich einfach. Wer mit so einer Freude und Selbstverständlichkeit wie wir inzwischen im Network aktiv ist, der braucht niemanden zu überzeugen. Der steckt andere mit Aura und Ausstrahlung eher an. Man folgt uns, und wir netzwerken mit diesen Menschen. Mehr nicht und auch nicht weniger. Das ist eine Frage des Vertrauens, das wir erst aufbauen, dann vorleben und zu guter Letzt auch beweisen!", erklären die beiden.

NEUE DIMENSION IN DER PERSÖNLICHKEITSENTWICKLUNG DURCH ENGAGIERTES BEGLEITEN

Was daraus resultiert? Eine bemerkenswerte Persönlichkeitsentwicklung. Zugleich der Faktor, der die beiden Top-Network-Unternehmer am meisten begeistert. Es motiviert die zwei enorm, wie sie andere unterstützen können, in ihrer Persönlichkeit zu wachsen. So etwas gibt es nirgends – in keiner Lebens- oder Berufsberatung. „Die Menschen sehen und spüren ja die Ergebnisse von diesem Prozess an sich selber. Sie müssen aus ihrer Komfortzone heraus, können sich nicht oder nicht mehr verstecken. Werden sie in dieser Phase gut, eng und freundschaftlich begleitet, erreichen sie eine Dimension in ihrer Entwicklung, die woanders einfach nicht möglich ist. Das heißt auch: Je mehr wir die Menschen in unserem Team dazu bringen können, aus ihrer Komfortzone herauszutreten, desto besser werden sie im Business, im Verkauf, in der Kommunikation, im Unternehmertum. All das mündet dann in einer enormen, wertvollen Persönlichkeitsentwicklung. Ein Benefit, für den man woanders eine aufwendige, teure Ausbildung machen müsste. Im Network-

Marketing gibt's das ‚for free'!", erklärt Khadro mit Nachdruck.

Für beide ist diese Erkenntnis, vereint mit der daraus resultierenden Genugtuung auch ein Stück ihres Erfolgs. Man spürt es förmlich: Navanita und Khadro Sgambato ruhen in sich, sind mit sich im Reinen und achten dabei auf ihre Balance der Werte, die sie für erfüllend halten und die ihnen positive Kraft und Energie verleihen. Dazu gehören Säulen wie Emotionalität in Bezug auf Liebe, Partnerschaft, Familie. Körper, Fitness und Gesundheit stellen eine weitere Säule dar. Geschäftliche und auch finanzielle Aspekte vereinen sich in der dritten Säule und zu guter Letzt wäre da noch die spirituelle, geistig-mentale Perspektive des inneren Ichs. Wer in diesen vier Bereichen ein gutes, ausgeglichenes, erfülltes Leben führt, der ist auch erfolgreich. So jedenfalls definiert das Top-Network-Paar ihren Erfolg. Und dazu gehört eben nicht gezwungenermaßen das übervolle Konto oder die materiellen Ansprüche. Schön zu haben, aber nicht unbedingt notwendig. Denn was nützt die Million auf dem Konto, wenn Geist und Körper nicht fit sind? Nichts! Was bringt das Luxusauto oder das edle Brillantencollier, wenn man ungeliebt und einsam ist? Gar nichts!

BEWÄHRTE PROZESSE
DURCH ROUTINIERTE ABLÄUFE ALS STANDARD

Erfolg beruht insofern auf Prozessen, auf routinierten Abläufen und Ritualen, die man so verinnerlicht, bis sie eine Selbstverständlichkeit sind, über die gar nicht mehr wirklich nachgedacht wird. Das alles mündet dann in absoluter Freiheit, weil man frei ist, das zu tun, was nötig ist – ohne bewusst zu reflektieren und sich damit befassen zu müssen. Hört sich esoterisch an, ist eher eine leicht spirituelle Denkweise, ist aber – nüchtern betrachtet – ein überaus wertvoller Weg, den die beiden Schweizer aus dem Kanton Zürich begehen. Und ihr Erfolg und ihre bisher erreichte Freiheit sind dafür der beste, eindrucksvollste Beweis!

NAVANITA & KHADRO SGAMBATO –
spontan gefragt, spontan gesagt:

● **Uns ist Erfolg wichtiger als …**
„… keinen Erfolg zu haben!"

● **Network-Marketing ist die Zukunft, weil …**
„… es das beste und nachhaltigste Tool ist, um alle vier Säulen des Lebens im und mit Erfolg zu leben!"

● **Unser wichtigster Rat an alle aktiven Networker lautet:**
„Menschen sind Freunde und kein Futter!"

● **Unser wichtigster Rat an alle, die noch keine Networker sind, lautet:**
„Öffnet eEuer Herz, öffnet eure Ohren, habt einen offenen Geist und gebt dieser einmaligen Möglichkeit, um euer Leben wirklich positiv zu verändern, zumindest eine Chance, indem ihr einmal hinhört!"

KARIN FENNEN

proWIN

KARIN FENNEN

WENN SCHÖPFERSTOLZ ZUM MOTOR DES ERFOLGS WIRD

Alles hat ein Ende, nur die Wurst hat zwei ... Für Karin Fennen hat die Wurst jedoch eher einen unerwartet guten Anfang, dafür aber ein umso noch schöneres Ende. Denn wer eigentlich wie sie von Kindesbeinen an Erzieherin werden will und dann zu guter Letzt hinter der Verkaufstheke der örtlichen Schlachterei landet, der hat mental einen weiteren Weg hinter sich gebracht. Sollte man meinen. Doch damit ist die serpentinenartige Karriere der sympathischen Norddeutschen noch lange nicht zu Ende. Heute ist sie nämlich eine der absolut erfolgreichsten Vertriebspartnerinnen von proWIN, und in ihrem Leben dreht sich alles um die „drei großen Ws"– Wischen, Wellness, Wauwi ... Was sich hier so locker-flapsig anhört, sind die drei Produktsäulen, auf die sich das Fennen-Business stützt: Symbiontische Reinigung, Wellness und Tiernahrung. Wobei sie absolute Fachfrau in der Welt der Hygiene ist, aber ebenso intern den Titel „Frau Aloe vera" trägt – sie ist also eine echte Würdenträgerin ihrer Partnercompany. Karin Fennen ist dabei vor allem eins: die Verkörperung der puren Bodenständigkeit, gepaart mit offenherziger Freundlichkeit. Geradezu beseelt von der Idee, anderen in der Persönlichkeitsentwicklung weiterzuhelfen und dies kombiniert mit einer beinahe unendlichen Lust an der Kommunikation. Da schließt sich der Kreis wieder. Nur eine Nacht hatte sie einst als Teenie Zeit, darüber zu schlafen, ob sie ihrem ursprünglichen Berufswunsch, nämlich Erzieherin zu werden, nachkommt oder ob sie dem „Metzger von nebenan" die Bitte erfüllt, bei ihm eine Lehre zu starten. Sie *entschied sich für letzteren Weg – wohl auch, weil sie so hilfsbereit ist und ihm die Bitte nicht abschlagen wollte. Aber dieser Lehre ist es zugleich zu verdanken, dass sie ein Talent an sich entdeckte, was ihr vorher verborgen war: Spaß am Verkauf. „Plötzlich war ich diejenige, die Kindern eine Scheibe Wurst ins Händchen drückte, wo ich doch noch Jahre zuvor selber als Kind auf der anderen Seite der Theke stand und mich freute, wenn mir ein Würstchen geschenkt wurde!", lacht sie. „Ja, ich habe mit Freude verkauft und meine Lehre durchgezogen!" Aber es reifte eine weitere Erkenntnis: noch mehr aus ihrem Leben machen zu wollen. Gerade jetzt, wo sie so viele neue, andere Seiten an sich entdeckt und schätzen gelernt hatte. Ein Leben hinter der Metzgertheke gut und schön – aber das konnte ja noch lange nicht alles gewesen sein. Es war lediglich der „Wurst-Start", bei dem sie sich quasi „die alte Pelle" selber abzog. Denn zum prägenden Wurstende sollte Karin Fennen sich noch ganz anders durchbeißen ...*

„Durchbeißen" – das ist an dieser Stelle beinahe wortwörtlich zu nehmen. Auf dem Weg zu ihrem heutigen Sein gab es so manche „harte, zähe, sehnige, schwer kaubare und fast unverdauliche Hürde" zu meistern. Mehr als nur eine Herausforderung. Nur eitler Sonnenschein? Sicher nicht – trotz Haus, Garten, Auto, Kinder etc. Im Gegenteil – was nach außen hin glänzte, war nach innen hier und da umso trüber. Aber Karin Fennen tat das, was sie gerade ausmacht: positiv eingestellt sein und nicht aufgeben, sondern für ihr wahres, echtes Glück kämpfen. Anpacken, lösungsorientiert denken und handeln. Und vor allem: Rückbesinnen auf ihre Talente, ihr Können, ihre Leidenschaft und das ist, war und bleibt nun mal der Verkauf.

Für sie ein Türöffner, ein Chancengeber und ein Stück weit auch ein Seligmacher, jedenfalls für diese außergewöhnlich freundliche, fröhliche und liebenswerte Frau aus den nördlichen Gefilden Deutschlands. Wer ihr herzliches Strahle-Lächeln abbekommt, der kann beinahe nicht glauben, dass auch sie mal schlechte Tage erlebt hat. Diese positive Energie, diese nahezu spürbare Leidenschaft, diese ehrliche Begeisterung für ihr eigenes Tun ist wie ein wärmender Mantel, der sich um einen legt. Karin Fennen ist irgendwie aufsaugender Schwamm, weiches Tuch, drahtiger Feger, pflegende Politur und milde Seife in einer Person – man fühlt sich nach einem Gespräch mit ihr regelrecht reinlich, sauber aufgefüllt, dunkle Schatten sind wie weggewischt und dazu erstrahlt man selbst mit neuer Kraft und frisch poliert mit Glanz und Gloria …

Schuld daran – wenn man überhaupt von Schuld sprechen darf – ist ein Abenteuer während ihrer Lehre. Lust am Verkauf hatte sie. Lust auf mehr Karriere erst recht. Und Lust auf bisschen mehr Geld sowieso. Und so kam es, dass ausgerechnet der Versicherungsvertreter ihrer Eltern sie mit auf „Außendienst-Tour" nahm. Ihre erste zaghafte Berührung mit dem Metier „Direktvertrieb" und zugleich für sie die Entdeckung, dass es neben dem Angestelltendasein tatsächlich noch Alternativen gibt. Möglichkeiten, die Faktoren wie leistungsgerechte Bezahlung, freie Zeiteinteilung, Umgang mit Menschen und Verkauf als Arbeitsgrundlage betrachten. Direktvertrieb wurde ihr daher mit jedem Gedanken und mit jeder Recherche immer ein kleines Stück sympathischer. So sehr, dass sie sich in verschiedenen Network-Unternehmen ein ganz kleines bisschen ausprobierte – quasi neben-nebenberuflich. Und dennoch bedurfte es noch einiger weiterer Umwege: halt von der Angestellten im Supermarkt bis zur Selbstständigkeit mit ihrer eigenen kleinen Metzgerei. Bis sie letzten Endes doch ganz und gar in ihrer heutigen beruflichen Heimat ankam. Dort, wo jetzt ihr großes berufliches Herz schlägt: im Network-Marketing mit all seinen Möglichkeiten von spürbarer Freiheit.

Wie es dazu kam? Pure Erfahrungssache. Denn trotz Selbstständigkeit mit ihrer kleinen Fleischerei spürte sie diese Enge und Abhängigkeit: von Aufträgen, von Umsatz, von Angestellten, den Kostendruck von der Miete des Ladens bis zu den Gehältern, von verbindlichen Öffnungszeiten. Aber Freiheit? Nein, die sah anders aus. Die spürte sie umso mehr im Network-Marketing. Dem Business, dem sie bei unterschiedlichsten Companies abends nach Ladenschluss immer noch nachging, wo sie sich testete und wo sie aber noch immer nicht die absolut passende Firma gefunden hatte. „Egal, wo ich aktiv wurde, die Produkte waren immer nahezu perfekt. Nur die Rahmenbedingungen stimmten nie ganz mit meinen Wunschvorstellungen überein, und das ließ mich ständig weiter auf der Suche bleiben ...!", erklärt Karin Fennen ihre damalige Rastlosigkeit. „Das für mich beste System mit einem sensationellen Produkt – diesen perfekten Mix suchte ich. Den wollte ich finden, weil ich mir sicher war, dass es diesen Idealmix für mich auch wirklich gibt!"

WENN EINE PUTZ-PARTY DAS LEBEN VERÄNDERT

Und sie fand ihn. Völlig überraschend und kurioserweise eher unmotiviert. „Ich war zu einem Putz-Party-Abend eingeladen. Nein, wirklich Lust hatte ich dazu nicht. Ehrlich gesagt, wollte ich da gar nicht hin. Putzen konnte ich sowieso, das brauchte ich nicht auch noch am Abend. Aber nun hatte ich schon mal zugesagt, also raffte ich mich auf … Das Ergebnis war, dass ich viel zu spät kam, nämlich als die Party und Präsentation schon beinahe zu Ende waren. Gekauft habe ich auch nichts, und die Chemie zwischen mir und der Ausrichterin des Abends passte obendrein auch nicht wirklich!", erzählt die leidenschaftliche Netzwerkerin.

Alles andere als gute Voraussetzungen, aber dennoch war Karin Fennen vom Produkt und vom System ziemlich überzeugt. Das machte sie dann auch bei ihrem späteren Sponsorgespräch offen deutlich,

verband das aber mit Voraussetzungen: „Produkt und System passen so weit, aber ich will arbeiten, wann ich will, wo ich will, so viel ich will, zudem will ich leistungsorientiert bezahlt werden, will jeden Monat mein Einkommen selbst bestimmen können, und ich will prozentual da hinkommen, wo der Chef jetzt sitzt. Ist das machbar?", fragte sie damals die Führungskraft. Ein zustimmendes Nicken war die Folge, und seither sind über 17 Jahre vergangen. Eine Zeit, in der Karin Fennen mit ihrem ureigenen Schwung und Elan die Network-Marketing-Branche nicht gerockt, aber heftig aufgemischt hat. So sehr, dass sie heute in ihrer Produkt gebenden Company zu den höchsten Top-Führungskräften zählt. Warum? Weil sie das getan hat, was sie am meisten liebt und kann: Netzwerken und Verkaufen! Man könnte auch sagen: „Zurückgeputzt ins Leben" – wie der Titel ihres gleichnamigen Buchs.

Dabei baut sie auf ein überaus wertvolles Fundament: ihre positive Einstellung zum Leben. „Wer mit Menschen zusammenarbeiten will, wer überhaupt mit Menschen arbeitet, der muss – ohne Wenn und Aber – ein echter Positivdenker sein. Ansonsten funktioniert das nicht, weil man andernfalls Menschen vergrault oder mental runterzieht. Ohne diese Grundausstattung ist jedes Nein, jede auch noch so latente Ablehnung ein scheinbar unüberwindbares Hindernis, an dem man scheitern wird. Da kommt man nur drüber, wenn man Ja sagt, wenn man in Lösungen denkt, statt in Niederlagen und mit Achselzucken zu reagieren. Daher leistet sie und hat stets geleistet, was ihr nicht schwerfällt. Denn sie liebt Menschen und liebt es, diese voranzubringen. Das Gefühl von „Schöpferstolz" überkommt sie dann, was zugleich ein immenser innerer Antrieb für sie ist. Mehr Motivation geht beinahe gar nicht. Ein Antrieb, der daraus entsteht, wenn sie es schafft, andere wiederum aus deren persönlichen Komfortzonen zu holen. Die schönsten Randerscheinungen dabei sind die ungläubigen Augen der anderen im Umfeld, die doch zuvor nicht müde wurden, zu behaupten: „Das schaffst du nicht!" Von wegen, doch geschafft – dank Führung und dem besagten „Schöpferstolz", der Karin Fennen dann ergreift. „Ich bewege andere Menschen dazu, ihre Komfortzone zu verlassen. Nur so geht es nämlich in der Network-Karriere voran. Dabei erkennen diese Frauen und Männer, was sie alles zu leisten imstande sind. Dinge, die sie sich vorher nicht zugetraut oder auch selbst nicht zugemutet haben …!"

Genau dieses Rumsitzen und Warten hat die charmante Ostfriesin eben nicht gemacht, auch weil sie sich selbst positiv programmiert hat. Probleme existieren für sie nicht, sondern nur Aufgaben und Herausforderungen, die auf eine Lösung warten. So tickt sie, so lebt sie, so arbeitet sie und genau so ist sie erfolgreich. Sie fragt sich, wie, und nicht wieso! Alles andere wäre für sie eine „Fütterung der negativen Seite im Gehirn" – das kommt für sie nicht infrage. Das hat jedoch mit blinder Blauäugigkeit und einem permanenten Blick durch die rosarote Brille nichts zu tun, sondern es ist eine Geisteshaltung: Das Glas Wasser ist bei ihr eben immer halb voll, immer …

Diese „Fennen-Denke" ist ein wesentliches Merkmal, was dabei den Erfolg per se ausmacht. Er drückt sich in Stärke, in einem tiefen Selbstwertgefühl und auch in einer selbstbewussten, aufrechten, straffen Körperhaltung aus. Doch Erfolg ist bei Karin Fennen eben nicht bloß in Geld, Besitz oder Karrierestufen auszudrücken, sondern vielmehr pures Dopamin! Das äußert sich in einem simplen Gefühl, das sie jedem wünscht: einfach glücklich und innerlich befriedigt zu sein!

KARIN FENNEN – spontan gefragt, spontan gesagt:

● **Mir ist Erfolg wichtiger als ...**
„... das Gefühl, es nicht geschafft zu haben!"

● **Network-Marketing ist die Zukunft, weil ...**
„... es kein anderes System auf dieser Welt gibt, das so hundertprozentig gerecht und fair ist wie dieses!"

● **Mein wichtigster Rat an alle aktiven Networker lautet:**
„Arbeitet mit dem Herzen ...!"

● **Mein wichtigster Rat an alle, die noch keine Networker sind, lautet:**
„Sage nicht JA, wenn du NEIN sagen willst. Folge lieber deiner Intuition, und höre auf dein Bauchgefühl ...!"

TOBIAS EGGERS

LAVYLITES

ZUM NETWORKER GEBOREN, ZUM SPRAY-KING GEWORDEN

Eine Hautkrankheit brachte den Hamburger Strahlemann dahin, wo er heute ist – nach ganz oben! Hört sich beinahe schon „krank" an, oder? Ist aber im Ergebnis umso gesünder. Genau so lautet das Resümee von Tobias Eggers, der sich bei dem ungarischen Network-Marketing-Unternehmen LAVYLITES regelrecht an die Erfolgsspitze gesprüht hat. Nämlich, weil er von Beginn an den Rat eines Kollegen sehr ernst nahm, und der lautete wie folgt: „Sprüh einfach auf alles, was sich bewegt – die Produkte machen den Job ...!" Es muss ein wahrer Kern in dieser Aussage stecken, denn wer den stets wohlgelaunten Network-Sympathikus nach dem Geheimnis seines Erfolgs fragt, der bekommt neben dem Lächeln noch ein recht glückliches Achselzucken zur Antwort. Denn er „macht einfach", indem er sich durchs sonnige Leben spruht, sich selbst und seine Hautkrankheit nach gerade mal drei Monaten mit den Spray-Produkten heilte und das bei einer Erkrankung, die laut Schulmedizin als angeblich nicht heilbar gilt. „Jo, ich sprühe vor Glück, Lebensfreude und ebenso vor Zufriedenheit!", lacht der nordische Sonnyboy, der auf der Sonneninsel Mallorca lebt und sich selbst manchmal die Augen reibt, nämlich dann, wenn er überlegt, wie er da hingekommen ist, wo er heute ist ...

Die Augen rollen, wenn Tobias Eggers nur das Wort Schule hört. „Wenn ich mal da war, war ich eigentlich ganz gut ...!", lacht er und fügt hinzu, „Nee, ich war gar nicht mal so ein schlechter Schüler, nur war ich eben nicht immer da …!" Okay, für alle, die den üblichen Weg im Fokus ihres Lebens haben, klingt das nicht gerade vielversprechend, wenn es um die Themen Karriere und Erfolg geht. Aber genau das trifft auf Tobias Eggers auch nicht zu – üblich und gewöhnlich. Er ist ein Macher, einer der schon immer wusste, was er will. Ein Wille, der sich nicht in Form eines speziellen Berufsbildes darstellt, sondern eher in Lebensumständen. So banal sich seine Ziele auch für andere anhören mögen, so fokussiert hat er sie verfolgt. Egal, wie der Weg bei ihm aussah, so fest hielt und hält er an seinem Ziel fest: ungebunden sein, finanziell frei sein und das Leben so leben, wie er es möchte und nicht, wie andere es von ihm erwarten oder gar verlangen. Gleich ein paar Gründe, dass er heutzutage auf eine eher bewegte Vertriebsgeschichte zurückblickt, die ihn zu guter Letzt aber an sein Ziel brachte …

War es Schicksal, Glück oder Vorbestimmung? Diese Beurteilung liegt wohl im Auge des Betrachters. Denn mit gerade einmal 16 Jahren kam der Hamburger das erste Mal in Kontakt mit seiner heutigen Branche, dem Network-Marketing. Sein Vater war – eher aus der Not geboren – in der Finanzdienstleistung aktiv geworden und nahm seinen Sohnemann einfach mit zu einem Sommerfest. Da saß er nun und erlebte live und hautnah die aufregende Vertriebswelt, dort, wo die Uhren eben anders ticken, die Menschen anders drauf sind und wo alles das möglich ist, was in der herkömmlichen Arbeitswelt nahezu unmöglich erscheint. Musik, üppiges Büfett, bestens gelaunte Frauen und Männer – das Faszinations-Virus hatte den jungen Tobias erwischt. Spätestens aber, als ihm ein junger und ebenso erfolgreicher Vertriebler auf dem Event folgenden Satz sagte: „Du musst einfach nur viele Menschen kennenlernen und dann andere für dich arbeiten lassen …!" Auch wenn diese Aussage als Kurzfassung des Network-Marketing-Kerns eher nur der halben Wahrheit entspricht, so war es spätestens dann keine Frage mehr, was Tobias Eggers nach der Schule beruflich machen wollte: Vertrieb im Network-Marketing-Business. Und er begann dort, wo für ihn exakt alles begonnen hatte – im Finanzvertrieb.

Verkäuferisch eine gute Schule, keine Frage. Dann der erste Rückschlag: seine direkte Führungskraft verließ das Unternehmen. Zweifel kamen auf. „Wenn der geht, warum soll ich dann noch hierbleiben?", fragte der Vertriebs-Youngster sich selbstkritisch und folgte seinem Sponsor, der in der Finanzvertriebswelt „Struki" genannt wird. Fortan verkaufte er Internetseiten, was zur damaligen Zeit ein überaus erträgliches Geschäft war. Vor allem, weil er mit seinem bereits erlernten verkäuferischen Rüstzeug im Schlusssprung mitten ins Business jumpte und von der ersten Minute an bemerkenswerte Ergebnisse und Umsätze erzielte. Neben der Kaltakquise, die plötzlich mit Bestandteil seines Geschäfts war, wurde ihm aber zunehmend eines bewusst: das Business und vor allem den Vorgang des Verkaufs einfach zu halten! Eine Erfahrung, die er bis heute ganz bewusst berücksichtigt und auf die er immer wieder Wert legt. Vor allem, weil er weiß, dass genau dieser Mut zur Einfachheit ein wesentlicher Schlüssel zum Vertriebserfolg ist. „Komplizierte Dinge einfach erklären, und einfache Sachverhalte einfach lassen – das ist keine Kunst, aber wichtig! Nur dann hören dir die Menschen zu!", betont Tobias Eggers und weiß, dass sich an dieser Erkenntnis seither nichts geändert hat und auch nichts ändern wird. Denn immer, wenn er Fachbegriffe aufschnappte und diese ins Verkaufsgespräch mit einband, selbst wenn es nur darum ging, etwas „wichtiger" klingen zu lassen und mit dem vermeintlichen Mehr an Fachwissen parallel etwas mehr Know-how beim Gesprächspartner vorzuspielen, gingen die Umsätze dafür tendenziell nach unten. Eine wertvolle Erkenntnis, die ihn bis heute an seinem Motto festhalten lässt:

„FACHIDIOT MACHT KUNDE TOT!"

Nach dem Direktvertrieb folgte der Weg in die Welt der Telekommunikation und die eigentliche erste richtige Berührung mit einem waschechten Network-Marketing-Unternehmen. Kein Finanzvertrieb, keine Kaltakquise – sondern echtes Networking. Und natürlich stand für Tobias Eggers fest: In einem Jahr wird er Millionär sein. Schnell rechnete er sich selber reich und war sich sicher, dass seine entworfene Matrix 1:1 zutreffen und aufgehen wird. Ging sie nicht, auch nicht nach drei Jahren – und dies aus diversen Gründen. Also stand der nächste Wechsel an, und der Weg führte den Networker über die Empfehlung eines Freundes in ein wiederum völlig neues Metier: Hunde- und Tierfutter! Vom Start weg hinterließ Tobias Eggers eine vertriebliche Duftmarke. Es lief gerade ein Wettbewerb, der auf drei Monate ausgerichtet war. Top-Vertriebs-Preis: eine flotte Karosse aus bayerischen Landen. Für den Neueinsteiger wäre es der absolute Hauptgewinn gewesen. Weil ein Sieg im Wettbewerb ihm genau das beschert hätte, was er zum damaligen Zeitpunkt mehr als dringend gebraucht hätte – ein Auto! Denn Vertriebler ohne Auto sind wie Fußballer ohne Ball oder Influencer ohne

Followers. Aber die Chancen auf den Sieg waren alles andere als gut. Denn immerhin lief der Wettbewerb bereits seit vier Wochen, ein Drittel der Zeit war damit schon um. Kein Hindernis für Tobias Eggers. Für ihn standen alle Zeichen auf Attacke. Sein Warum war das Auto als Siegestrophäe. Nicht aus Statusgründen, nicht aus Lust am Siegen, sondern aus schlichten Gründen der Notwendigkeit. So ließ er sich kurz in das neue „tierische" Geschäft einweisen und gab das, was er für einen Sieg tun musste: Vollgas! Und zwar von morgens bis abends. Das Ergebnis dieser vertrieblichen Bemühungen: der Sieg und damit das Auto!

Nach geraumer Zeit stand noch einmal ein Wechsel ins Rabattsystem an. Ein für die Branche damals eher neues Business, einträglich, vielversprechend mit ebenso neuen vertrieblichen Aspekten gespickt. Drei Jahre blieb Tobias Eggers an Bord und auf der Bühne, entwickelte seine Speaker-Kompetenzen weiter und spürte dabei zusehends, wie er mit Sprache und seiner stets weiterentwickelten Persönlichkeit andere Menschen begeistern konnte. Und dennoch hielt es ihn nicht – der Liebe wegen.

Was folgte, war eine Auszeit, ein längerer (Liebes-)Urlaub und danach noch einmal ein kurzer „Rück-Abstecher" ins Hundefutter-Dasein. Kurz, weil das etwas größere Geld lockte – und das gab es in der Energie-Vertriebsbranche. Eigenverkauf und nur ein bisschen Vertriebsaufbau – so agierte der heute Top-Networker damals und weiß: „Die Honorare, die für die Abschlüsse gezahlt wurden, waren enorm. Genau das ist der Grund, warum ich das Sponsoring, also andere ins Geschäft zu holen, vernachlässigt habe – leider. Denn so hätte ich ein Vielfaches mehr an Umsätzen generieren können, hätte …!", blickt Tobias Eggers auf seinen Werdegang zurück.

Eine Hautkrankheit sollte seinen Fokus neu justieren – und zwar derart, dass eben doch der Vertriebsaufbau wieder ins Zentrum seiner Network-Aktivitäten treten sollte. Ein privates Treffen mit einem anderen Vertriebler eines anderen Unternehmens brachte die Lösung und Erlösung. Letztere, weil ihm ein Spray-Produkt eines ungarischen Unternehmens empfohlen wurde, dessen Wirkung primär auf Zellregeneration basiert. Tobias Eggers hörte, bestellte, benutzte … und das Spray wirkte. Die Hautprobleme besserten sich mehr und mehr. „Trotzdem bin ich nicht gleich auf die Idee gekommen, bei der Company vertrieblich einzusteigen. Auch wenn mich mein Empfehlungsgeber öfter und kontinuierlich darauf ansprach!", bekennt Tobias Eggers heute schmunzelnd. Ein Besuch eines Events in Ungarn, dem Stammsitz des Unternehmens, änderte sein anfänglich geringes Interesse. Sein „Vertriebsnäschen" witterte Chancen, große Chancen. Sprühend zum Erfolg – wer hätte das gedacht? Tobias Eggers anfangs wohl eher nicht, dann aber umso mehr. Heute sagt er von sich selbst, dass er bei all seiner Erfahrung und vertrieblichen Kompetenz erst nach rund anderthalb Jahren in seinem heutigen Unternehmen Network-Marketing wirklich und so richtig durch und durch verstanden habe. Auch, weil er die immensen Möglichkeiten, die in diesem modernen Geschäft liegen, selber und sprichwörtlich am eigenen Leib erlebt hat.

DAS SYSTEM ARBEITET FÜR MICH, NICHT ICH FÜR DAS SYSTEM!

Und wieder wurde ihm bewusst: Der Erfolg liegt in der Einfachheit. Nur, dass zuvor er selber das System war, indem er den Eigenverkauf primär verfolgte und beinahe täglich regelrecht auf der Jagd nach der Unterschrift des Kunden war. Heute weiß er, dass das System für ihn arbeitet. Und genau davon begeistert er andere. Der beste Weg, um sich und seine Vertriebskraft zu multiplizieren und damit das passive Einkommen in die Höhe zu treiben. „Mit dieser Erkenntnis wurde auch mein Leben erheblich entspannter. Heute kann ich von mir sagen, dass ich als Botschafter unterwegs bin und nicht mehr als Verkäufer, wenngleich ich weiß, dass ich ein recht guter Verkäufer bin und das Business liebe. Aber dennoch ist es so viel einfacher und auch angenehmer. Ich verkünde die frohe Botschaft, statt sie direkt vorzuführen …!", betont der Wahl-Mallorquiner.

Selbsterkenntnis und der Hunger auf Erfolg, das sind die Learnings, die Tobias Eggers auf seiner Erfolgsreise im Wesentlichen vorangebracht haben. Selbsterkenntnis dahingehend, sich zu hinterfragen und bereit zu sein zu lernen – aus dem eigenen To-do, aus den eigenen Erfahrungen und aus einer schonungslosen Selbstanalyse. Die ihm manchmal eben auch offenbarte, dass es Zeit ist, die Gleise oder gar den ganzen Zug zu wechseln. Und dennoch aber das Ziel nie aus dem Fokus geraten lassen. „Ich war kein Verkäufer, wirklich nicht. Ich war nämlich früher eher schüchtern, zurückhaltend und fast schon ein Einzelgänger!", verrät er offen. „Aber ich war dennoch hungrig, wollte vorankommen, war somit bereit, über meinen Schatten zu springen und mich inspirieren zu lassen. Von Büchern, von anderen erfolgreichen Menschen. Ich war aufnahmebereit, offen für Ratschläge. Meine Triebfeder war, dass ich vorankommen wollte, das Level meines Lebens viel höher schrauben wollte, als es

in meiner Kindheit und Jugend war. Denn ich komme aus ganz einfachen Verhältnissen, und aus denen wollte ich raus. Aus dieser Situation heraus haben sich auch meine Ziele definiert. Ja, das ist nicht gleich so rundgelaufen, wie erhofft. Mit 26 Jahren dachte ich, ich kann aufhören zu arbeiten, und mit 27 Jahren schwebte der Pleitegeier über mir. Aber ich hatte meine Ziele, meinen Hunger und die Erkenntnis, das Business einfach zu halten. Das zusammen mit dem, was ich bis dato gelernt hatte, war eine perfekte Grundlage, um meine Ziele zu erreichen!", betont er.

Daher steht für Tobias Eggers auch der Wille, gepaart mit dem Hunger an erster Stelle, wenn es um Erfolg geht. Man muss das Wollen wollen und dazu den Hunger haben, es zu tun. Und auch wenn der heutige Top-Vollblut-Networker oben ist, schaut er nicht runter, sondern überlegt sogar, was noch alles nach oben hin möglich sein kann, wenn er weiter hungrig ist und bleibt. Und die Vorstellung daran lässt ihn in sich hineinlächeln. Zum Willen und zum Hunger fügt er die Lernbereitschaft hinzu. Etwas, das beinahe in jedem Beruf unabdingbar ist. Lernen, an sich zu arbeiten, ständiges Wiederholen und dazu die Bereitschaft, offen zu sein für Neues. Denn die Wiederholung ist die Mutter des Könnens, aus dem sich der Erfolg ein Stück weit mit ergibt, was wiederum die permanente Persönlichkeitsentwicklung mit unterstützt. Vor diesem Hintergrund ist Erfolg eindeutig planbar bzw. eine planbare Größe. Für Tobias Eggers passt da der Vergleich zur Kuchenbäckerei. Wer ohne Rezept backt, wird keinen guten Kuchen zustande bringen. Wer sich jedoch von Oma das gute, x-fach erprobte Familienrezept besorgt, der muss lediglich ein bisschen üben, es mehrfach probieren, und dann wird es auch funktionieren. So läuft für ihn Erfolg und ist daher mit dem Rezept à la Network-Marketing eine planbare Angelegenheit. Überhaupt ist für ihn die Network-Marketing-Branche alternativlos. Denn der Weg von unten nach ganz oben ist seiner Meinung nach nur mit diesem fantastischen System zu bewältigen. Und zwar für alle. Fairness auf höchster Stufe. Dabei spielen die finanziellen Möglichkeiten zwar eine Rolle, aber haben kein Alleinstellungsmerkmal. Wer heute in seinem Angestelltendasein zum Chef sagt, dass er ab morgen gern von einer spanischen Sonneninsel aus arbeiten möchte, der wird neben einem mitleidigen Lächeln höchstens noch die Kündigung ernten, aber sicher nicht die Chance, den Traum zu realisieren. Sein Geschäft, egal wann und wo zu betreiben, wie es einem gefällt, das ist für ihn das wahre Salz in der beruflichen Erfolgssuppe. Das wiederum unterstreicht noch einen weiteren Slogan, den Tobias Eggers für sich verinnerlicht hat: „Lieber 3.000 Euro passiv, als 10.000 Euro aktiv" – weder das eine noch das andere ist im herkömmlichen Arbeitsmarkt für jeden, wenn überhaupt, machbar. Im Network-Marketing hat man hingegen eine freie Wahl, was eine Selbstverständlichkeit ist. Eben jeder so, wie er es mag – und will! Denn das ist wahre Lebensqualität – ohne Druck, ohne Zwang, ohne Auflagen, aber mit scheinbar grenzenloser Freiheit, die anfangs im kleineren Maß beginnt und sich dann mehr und mehr ausweitet. Da schließt sich der Kreis zum Faktor Erfolg. Denn das Maß der Freiheit, finanziell, geographisch und temporär, bestimmt ein jeder selber. Auch durch das Maß an Einsatz und Leistung. „Ich weiß, dass ich weder mein Potenzial noch das in diesem System Mögliche auch nur annähernd erreicht habe. Aber das ist zugleich für mich eine gigantische Motivation. Wenn ich mir überlege, was ich noch erreichen könnte, wenn ich nur eine kleine Schippe mehr drauflegen würde ... allein der Gedanke lässt mich vor Freude beinahe durchdrehen. Im Moment bin ich zufrieden und spätestens, wenn das nicht mehr so ist, habe ich allein alle Tools in der Hand, um wieder zufrieden oder gar noch zufriedener zu werden. Ist das nicht der helle Wahnsinn?", strahlt der LAVYLITES-Botschafter Tobias Eggers voller Enthusiasmus. Sein Erfolg gibt ihm recht!

TOBIAS EGGERS – spontan gefragt, spontan gesagt:

● **Mir ist Erfolg wichtiger als ...**
„... vieles andere, aber er muss dazu führen, dass ich mein Leben leben kann und zwar in Freiheit und Unabhängigkeit!"

● **Network-Marketing ist die Zukunft, weil ...**
„... es die einzige Möglichkeit ist, nicht nur finanziell, sondern auch geographisch und zeitlich frei zu werden!"

● **Mein wichtigster Rat an alle aktiven Networker lautet:**
„Nutze das System, indem du es so einfach hältst, wie das System ist, und versuche nicht, es zu verkomplizieren!"

● **Mein wichtigster Rat an alle, die noch keine Networker sind, lautet:**
„Sei offen, ohne Vorurteile, und urteile von innen heraus selber, indem du einen Blick hinter die Kulissen wirfst!"

PATRIK & KATRIN KOENIG

LR HEALTH & BEAUTY

ECHTE NETWORK-PROFIS NUTZEN MEHR ZEIT FÜR MEHR ARBEIT

Ein ehrlicher, fleißiger Arbeiter im allerbesten und klassischen Sinn. Patrik Koenig steht wie wohl kaum ein anderer für dieses Sinnbild – allen voran für Ehrlichkeit und Fleiß. Zwei wertvolle Tugenden, die sein Leben stets begleitet und beeinflusst haben. Denn schon seine Mutter machte ihm von Kindesbeinen an deutlich: „Erfolgreiche Menschen sind fleißig. Und weil sie fleißig sind, haben sie Erfolg!" Ein Mantra, das bis heute sein Credo ist, seinen Lebensstil prägt, seine Arbeitsweise beschreibt und seinen großartigen Erfolg erklärt. Und sein Antrieb? Tief empfundene Dankbarkeit gegenüber dem Network-Marketing-System und den damit verbundenen Chancen. Denn diese Branche ließ ihn wie ein „Phönix aus der Asche" aufsteigen. Bei Patrik Koenig hat diese schon oft benutzte Metapher ihre absolute Berechtigung. Im Alter von 20 Jahren voller Tatendrang und Dynamik, mit 25 dem Abgrund nahe und mit 30 Jahren wieder an der Sonne. Was für eine Trendkurve. Eine, die bis heute stetig und steil nach oben zeigt. Eine Tatsache, die der Süddeutsche stets mit Demut zu schätzen weiß. Zugleich eine Entwicklung, die er vor allem sich selbst zu verdanken hat und seinen Tugenden Ehrlichkeit und Fleiß ...

Halt! Das ist nämlich noch nicht die ganze Wahrheit. Ein nicht unerheblicher Teil des Erfolgs gebührt einerseits seiner Demut zu den eigenen Wurzeln und andererseits auch Patriks Mutter. Eine Frau, die als alleinerziehende Mutter von vier Kindern eine echte Familienmanagerin war. „Vor niemandem habe ich so einen Respekt gehabt wie vor ihr!", bekennt der erfolgreiche Networker. Dabei erinnert er sich, wie sie ihm in jugendlichen Jahren ihrer Ansicht nach den „Kreislauf des Lebens" näherbrachte. Damals mahnte sie, er solle sich bis 25 austoben und das Leben genießen – natürlich in komplett legalen, anständigen Bahnen. Ab einem Alter von 25 Jahren geht es dann darum, beruflich in die Spur zu kommen und den Grundstein für eine erträgliche Laufbahn zu legen. Zwischen 30 und 40 muss dann mit vollem Einsatz und voller Kraft die Karriere aufgebaut und gepusht werden. Ab 40 gilt es, mit Erfahrung und Können auf dieser Basis noch weiter voranzukommen … Sätze, die den jungen Patrik Koenig ebenso beeindrucken, wie sie ihn beeinflussen. Aussagen, die zu Glaubenssätzen werden. Prinzipien, die er sich zu eigen macht und verinnerlicht. So sehr, dass er sich als gelernter Industriemechaniker voll in seinen Job einbringt, ackert, rackert und alles gibt. Und er will mehr, glaubt, den besagten Kreislauf beschleunigen zu können, als ihm eine Immobilie angeboten wird. Große Versprechungen, noch größerer Betrug – so clever und undurchsichtig initiiert, dass Patrik Koenig schutz- und schuldlos auf den Trick hereinfällt. Gut gedacht, fies gemacht – statt aufwärts, geht es in einem Rutsch abwärts. Der fleißige Industriemechaniker sitzt in der Schuldenfalle, ohne Chance auf Entkommen. Er sieht nur einen Ausweg: kämpfen und arbeiten! Können, Kraft, Fleiß und Wille sind seine Werkzeuge, um das Geld zu verdienen, das verdient werden muss. „Ich hatte eine brutale Unterdeckung und war wirklich frustriert. Dabei hatte ich es doch so gut gemeint. Mit Anfang

20 und schon eine gescheiterte Existenz. Ich hatte versagt! Oh nein, das war sicher nicht das, was meine Mutter damals gemeint hatte!", beschreibt der heute so erfolgreiche Networker seine damalige Situation. „Ich besaß eine Immobilie, die mich finanziell in die Pleite ritt. Dazu eine Bank, die mir mit aller Härte im Genick saß und ständiger Kontakt zu Amtsgerichten und Gerichtsvollziehern. Einfach ausgedrückt: Ich war echt fertig!"

Dann ein entscheidender Moment. Ein wahrer Wendepunkt für den frustrierten Badener, der ihm wie ein Blitz durch die Glieder fährt. Ein neuer Amtsgericht-Termin stand an. Die Stimmung? Unterirdisch. „Voller trüber Gedanken gehe ich durch Offenburg, als mir ein Rollstuhlfahrer entgegenkommt. Darin saß ein Mann, der in etwa mein Alter hatte. Und das Bemerkenswerte – er lächelte vor sich hin. Unfassbar, der lächelte, obwohl er an den Rollstuhl gefesselt war. Mir schoss nur noch eins durch den Sinn: Ich hatte doch nur ein Geldproblem. Ja, ein großes, aber nur ein Geldproblem, mehr nicht. Was ist das schon im Vergleich zu anderen? Hätte ich nicht viel eher einen Grund zum Lächeln gehabt als dieser Rollstuhlfahrer? Oh ja, und ob …!", beschreibt Patrik Koenig sein damaliges Erlebnis, das ihm die Augen für eine neue Zukunft öffnete.

Aufgeben? Nein, im Gegenteil. Patrik Koenig drückte wieder die Schulbank. Mit Geld, das er sich in der Freizeit auf dem Bau verdient, geht er zur Abendschule. Studiert Qualitätsmanagement, um beruflich schneller voranzukommen, um zugleich auf der Gehaltsliste nach oben zu klettern und um so den Schuldenballast schneller loszuwerden. Einsatz! Power! Anstrengung! Und er zieht es durch

– mit Erfolg! Nur die Anerkennung in seinem Betrieb, die ließ auf sich warten. Das Mehr an Know-how nahm man gerne mit, aber einen finanziellen Zuschlag auf der Lohnabrechnung, den gab es nicht. Wie enttäuschend – und im Hintergrund tickte Patrik Koenigs Karriere-Uhr mit dem „Lebenszirkel" der Mutter.

Was tun? Noch ein Studium mit dem Ziel, Ingenieur zu werden? Wieder Abendschule, Mehrkosten, null Freizeit und dennoch eine ungewisse Zukunft? Wie gut, dass auch damals schon Menschen per Direktansprache auf berufliche Alternativen aufmerksam gemacht wurden. Auch Patrik Koenig. „Auf einem Parkplatz sprach mich jemand einfach so an. Ich würde einen tollen Eindruck machen und ob ich Interesse hätte, nebenberuflich Geld hinzuzuverdienen. Der Klassiker zu dieser Zeit!", lacht der sympathische Vertriebler.

Wenige Tage später saß er mit einem Freund in einem Hotel und bekam die Produktwelt von LR Health & Beauty präsentiert. „Düfte und Kosmetik, wirklich sexy Produkte, aber für mich jungen Kerl dennoch eher unsexy!",

macht Koenig deutlich und ergänzt: „Aber das System, das dahinterstand, das hat mir imponiert. Keine Lagerhaltung, kein Umsatzdruck und vor allem, es waren Produkte, die real existieren, und somit war es auch ein ehrliches Geschäft. Ich suchte dennoch den Haken – fand aber keinen …!"

Wenige Wochen später war er mittendrin – mit Vollgas im Network-Marketing. „Ich wusste, dass man hier Geld verdienen konnte, und das mit einer Firma an der Seite, die ehrliche Produkte mit sehr guter Qualität für die Kunden zu bieten hatte. Ehrlichkeit, das ist es, worauf es mir ankommt. Und genau das signalisierte mir mein Bauchgefühl. Ich spürte, das ist mein Ding, hier kann ich Gas geben – und genau das habe ich auch getan!", so der Top-Networker. „Die Tinte meiner Unterschrift war noch nicht trocken, da brannte schon meine Zündschnur, hin zu einer Rakete, die in mir hochging. Auf diesen Knall habe ich fünf Jahre gewartet. Das waren fünf Jahre voller Schmerz, Wut, Hoffnung und Ausweglosigkeit. Und jetzt war sie da, meine große Chance. Da war keine Zeit mehr für einen Versuch, nein, ich habe das Gaspedal bis zum Anschlag durchgetreten …!"

VOLLER DEMUT DARAN DENKEN, WOHER MAN KOMMT

Keine Sprüche, Tatsachen! Termine, Termine und noch mal Termine – das war Alltag, Leben und Normalität in einem. Jeden Tag der gleiche Rhythmus: Nach Feierabend ohne Umwege nach Hause, umziehen und auf ging es zu neuen, weiteren Terminen. Tagein, tagaus. Zwei Jahre knüppelte er dieses Pensum sieben Tage die Woche durch. Wie eine Arbeitsmaschine! Unerbittlich gegen sich selbst. Doch er merkte – es geht was. Das Einkommen stieg stetig, der Schuldenberg schmolz. „Nach einem Jahr verdiente ich schon gut und bekam meinen ersten Mercedes von der Company als Firmenwagen. Ich war so sprachlos, ja, auf eine gewisse Art und Weise sogar geschockt. Geheult habe ich wie ein Schlosshund. Nicht, weil ich ein neues Auto besaß, sondern weil ich in diesem Moment voller Demut daran dachte, wo ich herkomme. Wie sah mein Leben denn noch zwölf Monate zuvor aus? Trostlos, trist, beklemmend, und jetzt hockte ich in einem nagelneuen tollen Mercedes. Es war wie eine Erlösung …!"

Verdient ist verdient! Auch, weil Patrik Koenig seine Karriere und seine Organisation mit viel Sinn, Verstand – und Vernunft aufgebaut hat. Wer kommt denn beispielsweise schon auf die Idee, die in Aussicht stehende Hauptberuflichkeit zu trainieren, bevor man sich für diesen Schritt final entschließt? Keine fiktive Story – genau das tat er wirklich! Sicherlich eine Rarität auch in der Network-Branche? Ein Profi-Network-Trainingslager? Wie soll das funktionieren? Der heutige Spitzen-Networker hat dafür eine ebenso simple wie markige Auflösung auf diese Frage. „Anfangs war LR Health & Beauty für mich ein Mittel zum Zweck, nämlich mein Schuldenkiller. Doch irgendwann kippte die Waage zur anderen Seite, und ich hatte endlich einmal mehr übrig, auch nach Zahlung der monatlichen Schuldenrate. Was für ein Gefühl! Da wusste ich, es geht noch mehr, sehr viel mehr. Aber ich wollte nicht unvorbereitet in ein Abenteuer springen, ohne zu wissen, was mich erwartet. Also machte ich mich schlau, sprach mit anderen erfolgreichen Networkern aus unserer Company. Darunter auch Achim Hickmann. Den fragte ich, wo das größte Risiko bei der Hauptberuflichkeit liegen würde. Seine Antwort werde ich nie vergessen: das Mehr an Zeit! Und als Erklärung schob er nach, dass viele glauben, wenn sie selbstständig sind, hätten sie mehr Zeit. Das stimmt per se. Aber sie verwechseln mehr Zeit mit mehr Freizeit – und dies mit einem gleichbleibenden Umsatzniveau wie zur Nebenberuflichkeit. Das Mehr an Zeit muss aber für mehr Arbeit genutzt werden. Wer das nicht macht, der läuft Gefahr, seine Dynamik und Energie zu verlieren. Und er verriet mir zugleich eine Art Vertriebsformel, nämlich wie viele Kontakte ich am Tag zu machen hätte, um eine bestimmte Anzahl an Adressen zu erhalten, um wiederum eine entsprechende Anzahl an Terminen pro Tag machen zu können. Und ich schrieb alles mit, wirklich alles!", erzählt Patrik Koenig voller Überzeugung. Genau an diese Formel hielt er sich – und zwar in seinem Urlaub. Den nahm er sich, um auszuprobieren, ob er tatsächlich in der Lage ist, diese nötigen Zahlen am Tag umzusetzen. Jeden morgen ab 7 Uhr ging es los. Mit dem Resultat, dass der Terminkalender voller und voller wurde und er Gewissheit erlangte, für die professionelle Hauptberuflichkeit im Network fit und bereit zu sein. Fehlte nur noch eins: die Kündigung vom Hauptjob, und die schrieb er wenige Tage später.

DER KALENDER HATTE SCHWARZE SEITEN – WEGEN DER VIELEN EINGETRAGENEN TERMINE

Ein Glücksfall für die Branche, für LR Health & Beauty und für ihn – denn es war gleichzeitig der Auftakt für eine beeindruckende Erfolgsgeschichte, die Patrik Koenig selbst geschrieben hat. Und seine Mutter trug auch damals noch ihren Teil dazu bei. „Als sie herausfand, dass ich meinen Job gekündigt hatte, zitierte sie mich zu sich nach Hause. Und ich sollte meinen Terminkalender mitbringen. Warum? Weil sie meine Terminanzahl prüfen wollte. Und was war? Jede Seite war schwarz vor lauter Terminen. Da gab sie mir das Büchlein zurück und sagte erleichtert, dass sie sich nun keine Sorgen mehr machen müsse!", berichtet die Top-LR-Führungskraft und lächelt. So etwas nennt man Fürsorge und mütterlichen Schutz mit Intuition. Toll!

Patrik Koenig weiß, wo er herkommt, wird es auch nie vergessen und daher ist Dankbarkeit sein größter Antrieb, seine größte Motivation, und sie ist zugleich seine größte Stärke. Ähnlich wie Katrin, die Frau an seiner Seite, die ebenso bei LR mit ihrer Karriere durchstartet. Mit der er aber zusammen als Team neue Erfolgsdimensionen erreichen will – und wird. Wer sollte daran zweifeln? Doch über allem, das sagt er von sich selber, throne eine Tugend, die ihm heilig sei: Ehrlichkeit! Ehrlich im Wort und ehrlich in der Tat, das ergibt Offenheit, Herzlichkeit und Klarheit nach außen. Er sagt, was er denkt, und hat das Selbstbewusstsein, diese Meinung auch zu vertreten. Das wiederum macht ihn enorm stark, aber ebenso berechenbar. Auch die Erkenntnis, dass man in sich gehen muss, sich hinterfragen muss, wenn es mal nicht so gut läuft. Denn die Seele und das innere Ich wissen die Antwort. „Starke Führungskräfte suchen Fehler bei sich, schwache Führungskräfte suchen sie bei anderen!", erklärt Patrik Koenig. Er ist keiner von den Starken, sondern von den ganz Starken. Daher weiß man immer, was man von, an und mit ihm hat: den 100 Prozent echten Arbeits-Networker Patrik Koenig!

PATRIK KOENIG – spontan gefragt, spontan gesagt:

● **Mir ist Erfolg wichtiger als …**
„… der Verzicht auf Freiheit, denn Erfolg ist für mich die pure Freiheit!"

● **Network-Marketing ist die Zukunft, weil …**
„… es die einzige Geschäftsform ist, die wirklich jeder Mensch ausüben kann und wo jeder ohne irgendwelche Vorkenntnisse erfolgreich werden kann, denn dieses Business macht keine Unterschiede – bei niemandem!"

● **Mein wichtigster Rat an alle aktiven Networker lautet:**
„Arbeite mit dem Herzen, und sorge für einen Mehrwert für die Menschen …!"

● **Mein wichtigster Rat an alle, die noch keine Networker sind, lautet:**
„Frage dich, wie dein Leben in den letzten fünf Jahren war, und sei realistisch in der Betrachtung, wie es die nächsten fünf Jahre werden wird!"

DANIEN FEIER

JEUNESSE unityglobal

KÜNSTLICHE INTELLIGENZ ALS KÜNFTIGER GAMECHANGER IM NETWORK-BUSINESS

Was soll über jemanden gesagt werden, über den schon so viel gesagt wurde? Und was soll man über jemanden schreiben, über den schon so viele Artikel geschrieben wurden? Am besten etwas Neues! Etwas, was bisher noch nicht im Vordergrund stand oder das einmal von den schon bekannten Lobgesängen abweicht. Denn Danien Feier ist weitaus mehr als „nur" ein Network-Überflieger, mehr als „nur" ein hervorragender Teamleader. Man wird ihm keinesfalls gerecht, wenn man ihn „nur" auf großartige Geschäftserfolge reduziert, „nur" seine sicher bemerkenswerte Einkommenssituation beschreibt und quasi als „Kirsche auf der Torte" noch die Tatsache erwähnt, dass er mit der Familie mittlerweile im „Mekka der Reichen und Erfolgreichen" wohnt – nämlich in Dubai. Natürlich, alles das zusammen ist Danien Feier und alles das macht ihn ein Stück weit aus. Es ist aber zugleich nur ein Teil vom Ganzen. Denn zur kompletten Wahrheit gehört auch, dass der gebürtige Wuppertaler einfach ein absolut netter, freundlicher und ungemein positive Vibes ausstrahlender Mann ist. Überrascht? Er ist jemand, der sich schlicht und einfach von unten nach ganz oben gearbeitet hat. Jemand, der zu 100 Prozent zu seinen Wurzeln steht. Dem eine typisch deutsche Akkuratesse und ein ebensolches Maß an Fleiß anhaftet, der auf Qualität achtet und dabei dennoch das Menschsein nicht vergisst. Das alles in Kombination mit dem Glamour-Faktor von Dubai – ja, da bekommt der Aufkleber „Made in Germany" *doch gleich noch mal eine doppelt und dreifache Wertigkeit. Danien Feier ist in erster Linie jedoch eins: ein absolut sympathischer Visionär. Jemand, der Freude und Lust auf Fortschritt und permanente Verbesserung hat – wie bei seiner sportlichen Tennisleidenschaft, wo er Power und Erfolgshunger auf den Platz bringt, so agiert er auch in seiner Branche, dem Network-Marketing.*

Einen Willen zur Veränderung spürt der Junge aus dem Ruhrpott schon früh. Denn als jemand, der in sehr bescheidenen Verhältnissen aufwächst und groß wird, will er sich mit dieser Situation nicht mehr weiter abfinden. Für ihn steht fest: Sein Leben muss, soll und wird künftig anders aussehen. Sich einfach mal etwas leisten können, ohne jeden Cent dreimal umdrehen zu müssen, so soll es künftig sein. Keine extraordinären Verrücktheiten, sondern den Alltag mit einer gewissen Leichtigkeit begehen können. Das wäre was! Und da dieser Danien Feier nicht nur den Wunsch vor Augen hat, sondern ebenso weiß, dass so eine ersehnte Lebenssituation nicht vom Himmel fällt, macht er sich auf die Suche nach seiner Chance und ist offen für die passende Gelegenheit. Er drückt immer noch die Schulbank, nimmt Kurs aufs Abitur, weiß aber jetzt schon, dass mit einer bloßen Lehre oder einem Studium sein Wunsch wohl eher nicht in Erfüllung gehen wird. Denn Danien Feier denkt größer, sehr viel größer und damit auch damals schon visionärer. „Ich wollte nichts geschenkt haben. Es ging mir auch nicht darum, dass mein Weg einfach sein soll. Mein Ziel war einfach nur, Geld zu verdienen und das gern mit sehr viel und harter Arbeit …!", macht er offen deutlich. Eine ehrliche Motivation und umso erfrischender, dass sie einmal beim Namen genannt wird. Schließlich arbeiten doch alle zu guter Letzt dafür, Geld zu verdienen. In welchen Industrien, Branchen und Berufszweigen auch immer. Nur dass es die wenigsten zugeben, als ob ein gutes Einkommen etwas Schlechtes wäre. Nein, ist es nicht. Ganz und gar nicht.

Seine Job-Recherchen lassen ihn dabei immer wieder über diverse Angebote stolpern, die einen guten Verdienst versprechen, freie Zeiteinteilung und ebenso Arbeit von zu Hause aus. Das ist die erste sanfte, hauchdünne Berührung mit der faszinierenden Berufswelt Network-Marketing. Und eine Kombination an Inaussichtstellungen, die ihn überaus reizt. „Ganz wichtig war mir insbesondere, dass der Job absolut sauber, legal und seriös war. Also erkundigte ich mich bei anderen danach ...!", erklärt der heutige Network-Profi. Was er jedoch bei den Antworten erlebte, machte ihn stutzig: Niemand kannte diese Art Business wirklich, aber alle rieten mehr oder weniger ab und mahnten zur Vorsicht. Eine äußerst kuriose Situation. Doch seine entfachte Neugierde siegte, und er machte das einzig Richtige: seine eigene Erfahrung, um sich ein ebenso eigenes Bild zu machen. „Und so saß ich noch vor meinem Abitur im Jahr 2003 auf meiner ersten Geschäftspräsentation. Was ich da hörte und erlebte, konnte ich kaum glauben. Vor allem, als ich erfuhr, was in diesem System angeblich alles möglich ist. Was man hier erreichen kann, und zwar in eigener Verantwortung. Ich war beinahe fassungslos – nur eben in positiver Art. Das war ja genau das, was ich mir in meinen wildesten Träumen vorgestellt und ausgemalt hatte. Plötzlich wurde aus meinem Wunsch gefühlte Realität. Von diesem Moment an stand für mich fest: Ich werde Networker ...!", schwärmt er begeistert.

WENN PURE BEGEISTERUNG AUF ABLEHNUNG TRIFFT

Natürlich, er wollte – seine Eltern aber wollten nicht! Denn die hatten allein schon aufgrund seines Alters bis dahin noch ein entscheidendes Wörtchen mitzureden. Und so einigten sich beide Seiten auf einen sinnigen Kompromiss: Sohnemann Danien durfte nebenberuflich im Network-Marketing starten, absolvierte aber parallel eine duale Ausbildung – zum einen bei der Deutschen Bank in Frankfurt und zum anderen parallel ein Studium zum „Bachelor of Computer Science" an der „Frankfurt School of Business and Finance". Hört sich doch vielversprechend an ... und war zugleich der zaghafte Start einer überaus erfolgreichen Karriere. Nur eine andere, als anfangs die meisten auch nur ansatzweise ahnten ...

Im Kopf große Träume, im Portemonnaie aber noch gähnende Leere. Denn Network-Marketing ist zunächst einmal vor allem eins: Arbeit! Es geht um das Machen. Und der Network-Neueinsteiger machte sich ans Werk. Dabei gab es wohl niemanden aus seinem Familien-, Freundes- und Bekanntenkreis, den er nicht ansprach. Jeder bekam die volle Begeisterung und Euphorie von Danien Feier hautnah zu spüren. Doch der verstand auf einmal die Welt nicht mehr. Denn egal, wem er von der sensationellen Chance erzählte, alle winkten dankend ab. Freundliche, aber vehemente Ablehnung schlug ihm entgegen. Gibt's doch gar nicht. „Ich habe das damals wirklich nicht verstanden und war völlig perplex. Wie konnte das nur möglich sein, dass sogar mein bester Freund zu meinem Angebot, mitzumachen und auf ehrliche Weise reich zu werden, Nein sagte? Nein? Das war für mich die völlig falsche Antwort ...!", bekennt Danien Feier heute.

Oberstes Gebot im Network-Marketing? Gib niemals auf! Genau das tat auch er nicht. Und so legte er den Hebel einfach mal um. Wenn es mit der Partnergewinnung nicht funktionierte, dann vielleicht eher mit dem Produktverkauf? Und tatsächlich. Plötzlich ging da was, endlich rollten die ersten Euros. Das Herz des Networkers machte innere Luftsprünge. Denn das kleine bisschen mehr, war für ihn schon eine stattliche Summe. Eine, die er mehr als zu schätzen wusste.

Und diese Wertschätzung besitzt er immer noch. So ist der „Neu-Emirati" auch heute noch weit davon entfernt, auch nur irgendeinen Erfolg als gegeben oder gar selbstverständlich anzusehen. Er weiß, dass alles in diesem Business auf Aktivität, Engagement und Arbeit beruht und somit zu guter Letzt aus Fleiß und Willen resultiert. Die damals noch eher bescheidene verdiente Summe von wenigen Hundert Euros war zugleich seine Bestätigung, auf dem richtigen

Weg zu sein. Noch nebenberuflich ... Betonung auf „noch" ... Denn schon bald entwickelte sich sein Network-Einkommen zunehmend positiv. Und dies in einem Maß, dass er eine für sein künftiges Leben einschneidende Entscheidung traf: adios Deutsche Bank! „Ich schmiss nach drei Semestern mein Studium und die Ausbildung in Frankfurt hin. Sehr zum Leidwesen meiner Eltern, aber zu meinem heutigen großen Glück ...!", berichtet der Ex-Student, der nun ab sofort zum Network-Professional avancierte.

Nebenberuflich und hauptberuflich – zwei Paar Schuhe, zwei völlig unterschiedliche Welten, auch emotional. Denn plötzlich hat man in der Hauptberuflichkeit vermeintlich mehr Zeit. Wertvolle Stunden, die besser mit Arbeit statt mit Freizeit gefüllt werden sollten. Denn auch das ist ein bekanntes Phänomen, das so manchen „Neu-Profi" im Network-Marketing überkommt. Plötzlich wird nämlich aus einem effektiven Nebenberufler ein eher ineffektiver Hauptberufler! So ging es anfangs auch ihm. Das Ergebnis davon kann sich jeder denken. Auch für ihn war der Schritt in das professionelle Network-Business nicht leicht. „Mir fehlte der Plan, das System, wie ich mit dem Mehr an Zeit umgehen sollte. Also versuchte ich, mich bei anderen schlau zu machen, mich an ihnen zu orientieren. Aber zu meinem Leidwesen stellte ich schnell fest, dass die meisten selber keinen echten Plan hatten ...!"

Ohne Plan nicht planlos zu sein – beinahe eine Kunst, wer das schafft. Danien Feier schaffte es, mit etwas Glück. Denn es folgte erst einmal ein dreijähriger Abstecher in die klassische Immobilien-Branche – aber ohne Network-Marketing. Zusammen mit anderen

Kollegen trieb er dort das Geschäft voran. Aber Einsatz, Mühe und Arbeit passten nicht so wirklich zu den erreichten Werten, und auch die leidenschaftliche Identifikation mit diesem Business ließ eher nach. Aber dennoch war diese Zeit ebenso ein gutes Learning, eine prägende Erfahrung fürs Leben. Doch was nun? Was tun? Je länger er darüber nachdachte, desto klarer und deutlicher wurde für ihn die Lösung – und die hieß „Network-Marketing"! Neustart!

Und diesmal wollte er alles richtig oder richtiger machen. Was folgte, war eine ungewollte Odyssee über drei Jahre bei drei Companies, bei denen er stets hoch motiviert antrat, um dann aber wiederum enttäuschende Erfahrungen zu machen. Bis er schließlich bei einem Wellness-Unternehmen seine vertriebliche Heimat fand. „Mein Sponsor dort war zugleich mein wirklich großes Vorbild. Einer, der gerade mal 26 Jahre alt und so richtig erfolgreich war: der jüngste Einkommensmillionär in der Company. Ihm wollte ich nacheifern. Vor allem aber hat er mir überhaupt erst einmal gezeigt, wie man richtig in unserem genialen System systematisch dupliziert und sich vervielfacht. Das nämlich ist genau der essenzielle Erfolgskern in unserem Geschäft ...!", betont der heutige Top-Leader. Und siehe da, es klappte auf einmal mit der Expansion. Tatsächlich wuchs das Team stetig und spürbar. Zum ersten Mal im Network-Leben des Danien Feier spürte er die ganze mögliche Wucht, die in diesem sensationellen Business liegt. Wie auf einer Woge des Erfolgs ließ er sich tragen, genoss es, endlich im geschäftlichen Aufwind volle Fahrt aufzunehmen.

Ein großartiges Gefühl, das ihm aber noch lange nicht ausreichte.

Denn nun hatte er „Blut geleckt", fühlte erstmals, was überhaupt in diesem Geschäft machbar und möglich sein kann – wenn man es richtig macht. So stellte er den Hebel im Kopf auf „Attacke". Doch bevor er ungestüm durchstartete, legte er sich einen Plan zurecht, und der begann mit einer Reise in die USA. Das Mutterland des Network-Marketings und Wohnsitz eines der Größten der Branche: Eric Worre. Ihn wollte er hören, live erleben, von ihm lernen und sich inspirieren lassen. Dies auf einem der berühmten und legendären „Go-Pro"-Seminare des „Network-Gurus". Genau dort lernte der aufstrebende Deutsche eine Methode kennen, die gnadenlos ist – gnadenlos mühsam, aber auch gnadenlos erfolgreich: den „Ninety-Day-Run".

DER „NINETY-DAY-RUN"
ALS KATALYSATOR ZUM DURCHBRUCH

Business und nochmals Business – Tag und Nacht, ohne jegliche Ablenkung. Vollgas total, nur mit ein paar wenigen Unterbrechungen, die zum Essen, Trinken, Duschen und Schlafen genutzt werden. Hardcore-Network der allerersten Güte. Danien Feier schindete sich, legte sich ins Zeug und gab alles. Es sollte sein persönlicher Run zum wahrhaften Durchbruch werden. Und tatsächlich, es krachte im Geschäfts-Gebälk. Umsatz, Einkommen, Expansion – plötzlich knallte es, das Business explodierte regelrecht. Der Einsatz bis zur Erschöpfung hatte sich mehr als nur gelohnt. „So fertig ich war, so begeistert war ich auch. Unfassbar, wie plötzlich mein Business in Schwung kam. Das hätte ich mir in meinen kühnsten Träumen kaum vorstellen können. Aber es war echt, fühlte sich auch so an und war für mich zugleich Motivation in Reinkultur. Das erste Mal durchbrach ich die 100.000-US-Dollar-Schallmauer. Eine Monatsabrechnung, die mich regelrecht schwindelig machte …!", schwärmt der Spitzen-Networker heute noch. Zusätzlich genau der richtige Zeitpunkt, um ihn mental zu erreichen und ihm eine wertvolle These darzulegen. Eine, die sein Mindset in eine noch fokussiertere Richtung bringen sollte. Und die kam von seiner Ehefrau Stefania: „Einmal viel Geld zu verdienen, ist sehr schön. Dein Ziel muss es aber sein, diese Summe mindestens jeden Monat zu erreichen, um Konstanz im Leben zu haben!", forderte sie ihn auf. Da war etwas dran. Denn wenn der Erfolg nach seinem „Ninety-Day-Run" kein einmaliges Strohfeuer sein sollte, dann musste er konzeptionell genau dort ansetzen, um dieses Niveau zu kompensieren.

Gesagt, getan! Gedacht, gemacht! Der erste Schritt war der Umzug nach Dubai. Ein Sprung in eine andere Welt, die vor allem drei Dinge von dem gebürtigen Nordrhein-Westfalen abverlangte: schnell erwachsen werden, hundertprozentige Professionalität und kontinuierli-

www.rekrutier.de

ches Wachstum auf hohem bis höchstem Niveau. Eine Erkenntnis, die ihn prägte, die ihn formte und zu dem gemacht hat, was er heute ist: extrem erfolgreich! „Plötzlich war die Welt größer, aber auch teurer. Es war daher der Aufbruch zu anderen, neuen Dimensionen. Ja, ich habe schon immer gern und viel gearbeitet, aber was jetzt auf mich wartete, war ein noch viel höheres Pensum und Niveau!", macht der stets umtriebige Networker deutlich, der „unstoppable" zu sein scheint, ständig mehr will, hungrig ist, hungrig bleibt und sich nicht beirren lässt.

Dabei ist ein Danien Feier kein von Ehrgeiz zerfressener Geschäftsmann. Hohe Ziele? Ja! Visionen? Natürlich! Aber mit einem erfrischenden Hauch Normalität, Bodenständigkeit und mit einem Wissen um die eigene Vergangenheit. Genau das macht ihn aus und macht ihn gleichermaßen so sympathisch. Denn wer ihn erlebt, lernt einen Mann kennen, der sich seiner Verantwortung bewusst ist, der aber vor allem sein Business liebt. Es lebt und es daher immer weiter vorantreiben will. Nicht nur wegen möglicher Gewinnmaximierung, sondern aus Lust am Erfolg, Freude am Fortschritt und Spaß an der Utopie, die er einfach nur versucht, real werden zu lassen. Der frühere deutsche Bundeskanzler Helmut Schmidt sagte einst: „Wer Visionen hat, sollte zum Arzt gehen ...!" In so manchen Situationen sicherlich ein kluger Ratschlag. Bei Danien Feier muss es wohl eher heißen: „Wenn du Visionen hast, setze sie um!" Und genau das macht er.

Auch als sein damaliges Partner-Unternehmen von JEUNESSE, seiner heutigen Company, aufgekauft wurde, überlegte er nicht lange. Identifikationsprobleme? Nein, im Gegenteil – der Vollblut-Networker sah seine Chance im puren Pragmatismus und nutzte die Gunst der Stunde. Denn es herrschte bei ihm und seinem Team Aufbruchstimmung! Und so machte er dort weiter, wo er auch vor dem „Image- und Logowechsel" stand: mit voller Dynamik und all seiner zur Verfügung stehenden Energie. Der Lohn seiner Bemühungen sollte nicht lange auf sich warten lassen. Seine Organisation wuchs und gedieh, wurde größer und größer, und damit stieg auch sein persönlicher Erfolg mehr und mehr an. „Ich rieb mir jeden Morgen selber die Augen, um glauben zu können, was da passierte. Aber ich wusste zugleich, dass es keine Hexerei ist, sondern einerseits ein großartiges Engagement – insbesondere seitens meines Teams, und andererseits war es genau das, wofür ich in diesem Business gestartet war: Das Ausschöpfen dieser gigantischen Möglichkeiten!", so definiert der heute millionenschwere Networker seinen heutigen Status.

LUST AUF FORTSCHRITT, UM DIE BRANCHE ZU GESTALTEN

Na klar, Network-Marketing macht sicherlich scheinbar Unmögliches möglich. Nicht umsonst ist die Branche voller Karrieren, die außergewöhnlich sind und von denen wir hier im Buch 20 an der Zahl präsentieren. Jede für sich ein Unikat und jede für sich einzigartig in der Entstehung. Aber Danien Feier pusht sein Business noch durch eine weitere Zutat, die energetische Würze in seine Organisation bringt: das unbändige Verlangen, noch besser zu werden. Die eigene Performance stetig neu zu erfinden und noch intensiver voranzubringen. Es ist, als ob man den Chip aus dem Motor zieht, der die Leistung abregelt. „Mich inspiriert das, wenn ich weiß, dass noch mehr möglich ist. Ich will genau das erleben. Ein tolles Gefühl, wenn man Ziele und Dimensionen erreicht, wo noch keiner zuvor war. Das ist wie eine Expedition ins Ungewisse!" Ihm geht es leidenschaftlich um das „Größer! Höher! Schneller! Weiter!", aber zusätzlich um noch viel mehr. Nämlich um die erfolgreiche Gestaltung der Zukunft einer ganzen Branche. „Daran möchte ich gern mitwirken und meinen Teil mit dazu beitragen!", offenbart er sich.

Spinnerei? Utopie? Absolut nicht! Jede Vision, jede noch so abgefahrene Idee lässt seine Gedanken auf der Suche nach einer Lösung kreisen, um daraus etwas Reales zu kreieren. Dabei setzt er primär auf den Faktor Internet und digitale Lösungen. Für ihn steht außer Frage: Virtuelle Events und entsprechend digitale Arbeitsmethoden sind die Richtung, in die sich die Technologie hin entwickelt. Virtuelle Szenarien, die sich physisch echt anfühlen. Eine „Real Virtuality". Denn für ihn steht fest: „Das ist die Zukunft, daran arbeiten Experten wie Informatiker oder kreative IT-Tüftler. Genau das wiederum wird einen ungeheuren Effekt und Einfluss auf die Network-Branche haben. Da bin ich mir sehr sicher. Diese Perspektive in Kombination mit künstlicher Intelligenz wird daher ein wirklicher Gamechanger sein. Um dafür gerüstet zu sein, müssen wir jetzt schon unser Mindset und unsere persönlichen Fähigkeiten vorbereiten, trainieren und perfektionieren. Künftig wird es keine Distanz- und keine Sprachbarrieren mehr geben. Denn KI macht heute noch Unmögliches schon morgen spielend einfach möglich – wie beispielsweise gleichzeitig beim Sprechen oder Schreiben automatisierte Übersetzungen mehrerer Sprachen. Ganz ehrlich, ich freue mich auf diesen Fortschritt, weil sich damit völlig neue, noch bessere, noch größere Möglichkeiten für unser Business eröffnen!", visioniert der Networker über die Perspektiven der Branche in der Zukunft. Und wer Danien Feier zuhört, erlebt oder kennt, der weiß, hier meint es jemand wirklich Ernst mit sich, seinem Team, allen Kolleginnen und Kollegen und mit der gesamten Network-Marketing-Branche – dies jedoch immer mit beiden Füßen am Boden, das stets empathische Herz am rechten Fleck und um seine Wurzeln wissend, die er nicht vergessen wird ...

DANIEN FEIER – spontan gefragt, spontan gesagt:

- **Mir ist Erfolg wichtiger als ...**
„... Freizeit ...!"

- **Network-Marketing ist die Zukunft, weil ...**
„... die neuen Technologien unser Business noch weiter beflügeln werden!"

- **Mein wichtigster Rat an alle aktiven Networker lautet:**
„Glaube an deinen Traum, und arbeite jeden Tag an deinem Fortschritt ...!"

- **Mein wichtigster Rat an alle, die noch keine Networker sind, lautet:**
„Nimm die Branche ernst, und versuche zu verstehen, worum es wirklich geht ...!"